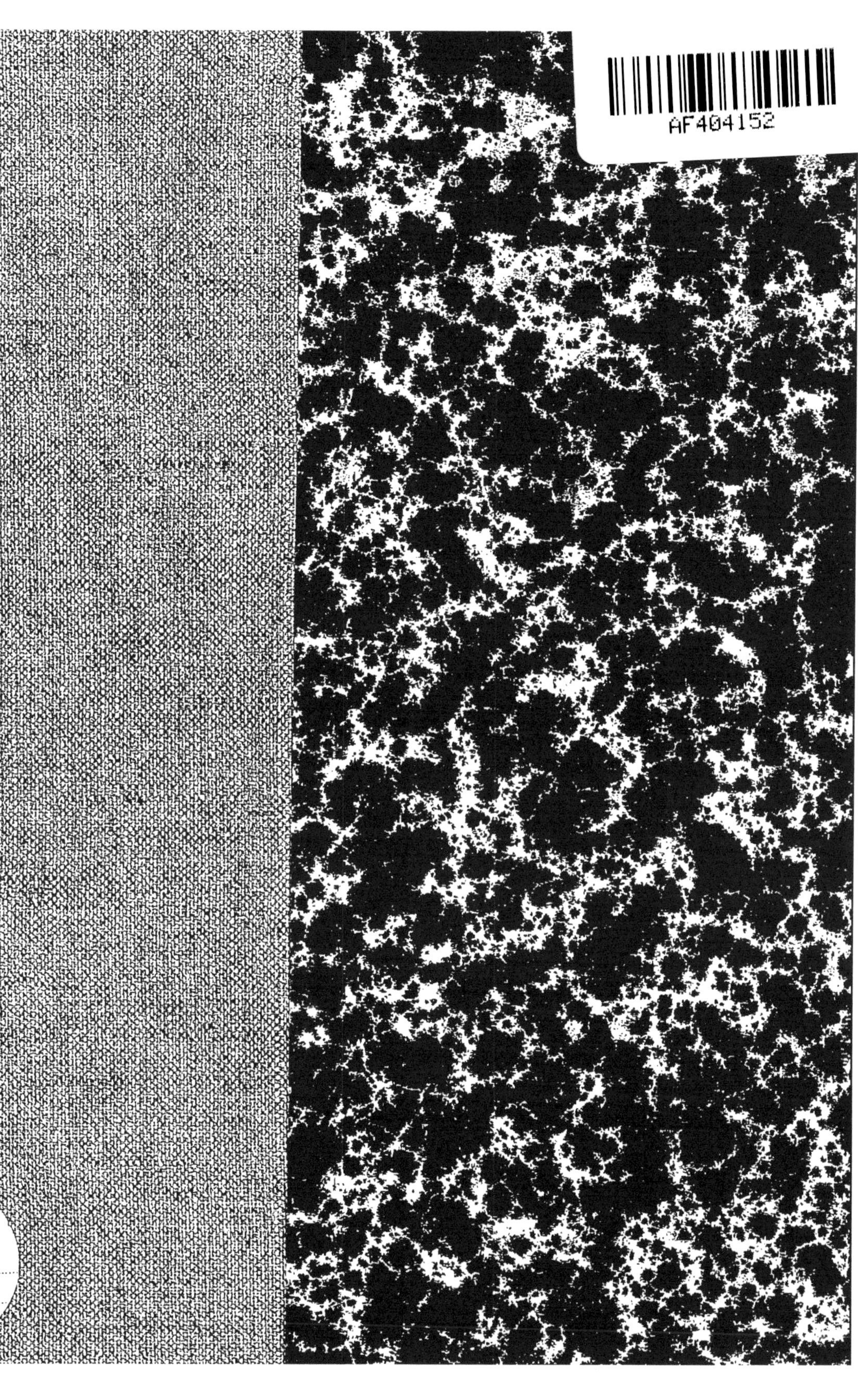

AF404152

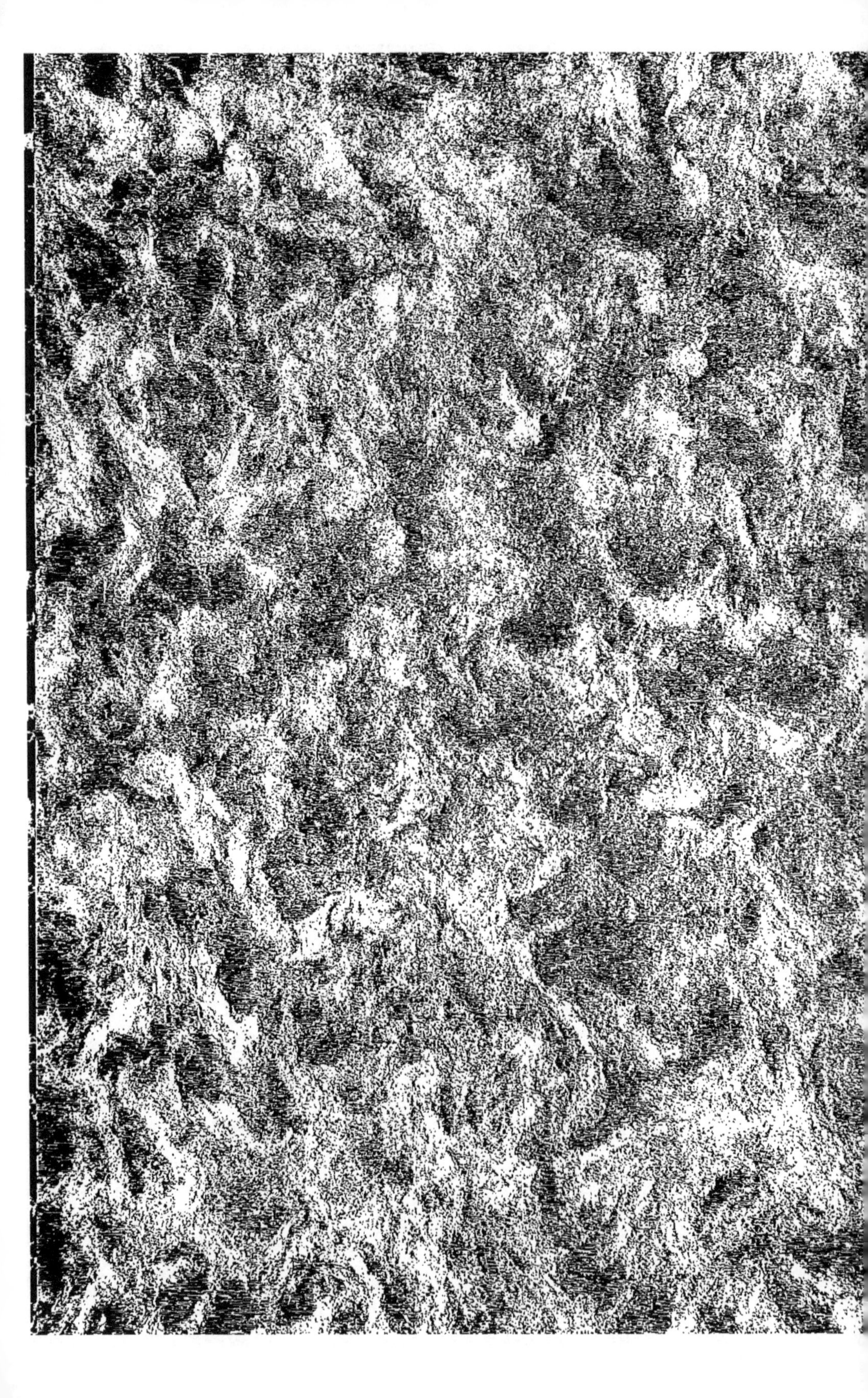

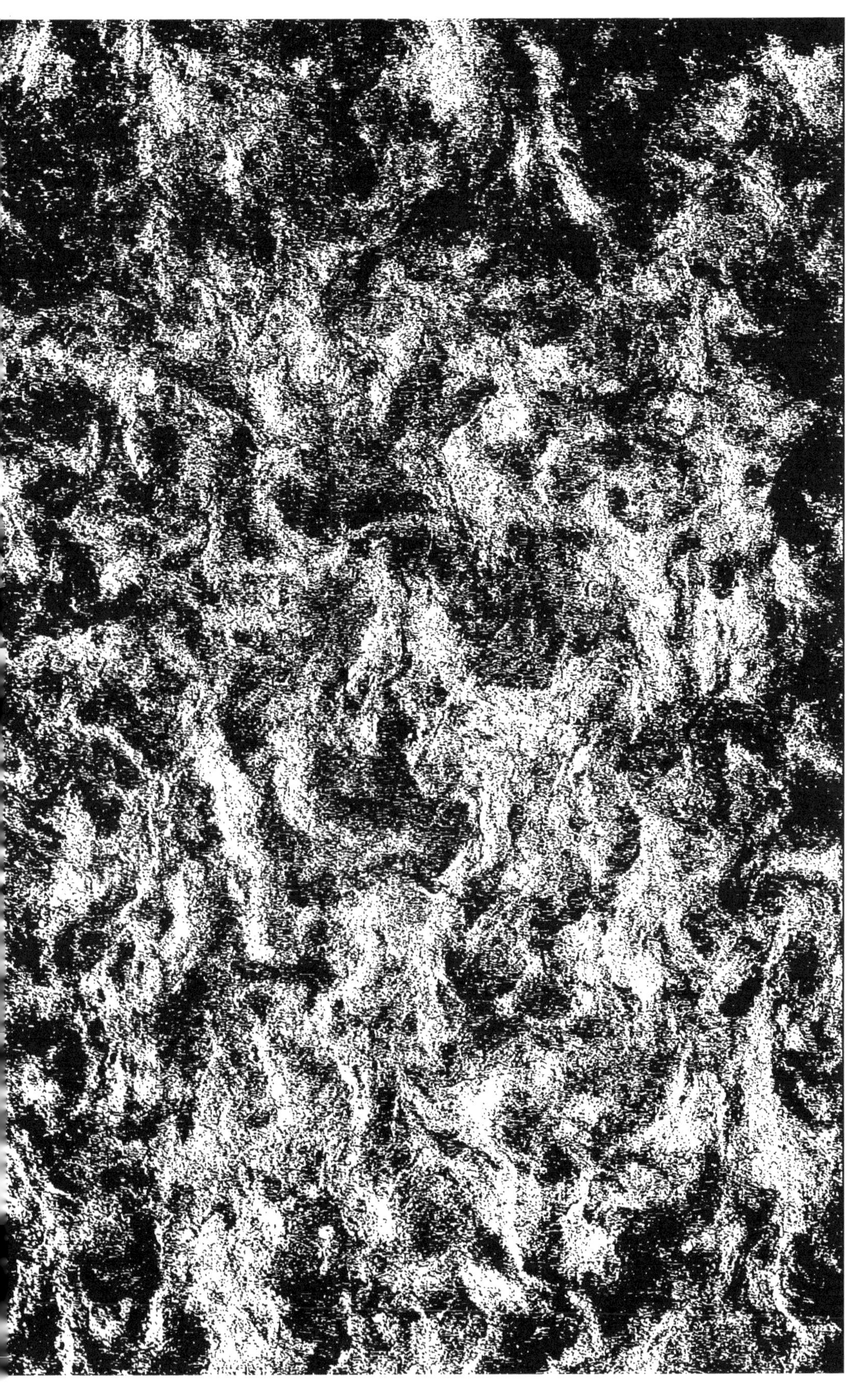

ARTHUR BAZIN

COMPIÈGNE

PENDANT

L'INVASION ESPAGNOLE

Ouvrage publié sous les auspices de la Société Historique
de Compiègne.

COMPIÈGNE

IMPRIMERIE HENRY LEFEBVRE
31, RUE DE SOLFERINO, 31
1896

COMPIÈGNE

PENDANT

L'INVASION ESPAGNOLE

PORTE DE L'ARSENAL DE COMPIÈGNE

(D'après un dessin conservé aux Archives municipales.)

ARTHUR BAZIN

COMPIÈGNE

PENDANT

L'INVASION ESPAGNOLE

Ouvrage publié sous les auspices de la Société Historique
de Compiègne.

COMPIÈGNE

IMPRIMERIE HENRY LEFEBVRE

31, RUE DE SOLFERINO, 31
1896

COMPIÈGNE

PENDANT L'INVASION ESPAGNOLE

PREMIÈRE PARTIE

Première invasion de la Picardie par les Espagnols. — Emprunts faits par la ville de Compiègne, pour mettre celle-ci en état de défense. — Organisation de la résistance. — Campement à Compiègne de l'armée commandée par le comte de Soissons. — La ville préservée miraculeusement d'un siège. — Ravages de la peste en 1636 et 1637. — Service funèbre célébré en l'honneur de Madame Jacqueline de Humières. — Emprunt forcé de l'année 1637. — Pèlerinage à Notre-Dame-de-Liesse pour implorer la cessation de la peste. — Neuf soldats, formant le contingent de la ville, vont rejoindre l'armée du Roi. — Le régiment de Genlis prend ses quartiers d'hiver à Compiègne. — Campement, dans cette ville, de l'armée du maréchal de Chatillon.

1634

ASTON d'Orléans, à la suite de son équipée du Languedoc et après la mort du duc de Montmorency, s'était retiré à Bruxelles auprès de l'Infante souveraine du Brabant et de la Reine-mère Marie de Médicis. Toujours hostile à Richelieu, il venait de traiter avec l'Espagne et menaçait de susciter encore bien des embarras au Cardinal qui, pour paralyser ses intrigues, négocia secrètement avec lui et conclut un accommodement le 1er octobre 1634. Gaston partit précipitamment de Bruxelles le 8 octobre au matin, et poussa tout d'une traite jusqu'à la Capelle où eut lieu une entrevue de réconciliation avec le Roi et le Cardinal. Après quoi il se mit en route vers Orléans, son apanage, et arriva à Compiègne où il fut reçu avec tous les honneurs dus à sa qualité de frère du Roi par les gouverneurs attournés Jehan Brugniart, Noël Charmolue et Emmanuel de Billy. M. de Villognon, lieutenant pour le Roi au gouvernement de la ville, accompagné de toute la noblesse du pays, était venu tout exprès de son château de Lachelle, pour assister à cette réception. Il était descendu avec sa suite chez Nicolas Lévêque, à l'hôtellerie de la Bouteille, où il fut tellement bien traité que la dépense s'éleva à la somme de 90 livres tournois que la ville paya.

1635. — Le retour de Monsieur en France avait fort à propos tiré d'embarras Richelieu, qui venait de déclarer la guerre à l'Espagne, le 19 mai 1635, et d'engager la France dans une lutte colossale qui devait durer un quart de siècle et changer la face de l'Europe. On se battit en Belgique, en Lorraine et dans le Milanais. Le comte de Soissons avait organisé en Champagne une armée de réserve et convoqué une partie du ban et arrière-ban noble. Pour répondre à son appel, beaucoup de princes et seigneurs, tant officiers de la Couronne que conseillers d'État et officiers des Cours souveraines passèrent, dès le commencement de septembre, par Compiègne qui, selon la coutume traditionnelle, leur offrit près de quatre cents bouteilles de vin pendant l'espace d'une année que durèrent ces allées et venues[1]. Le Roi, lui aussi, en eut sa part lorsqu'il traversa Compiègne, le 30 septembre, pour rejoindre l'armée du comte de Soissons assiégeant Saint-Mihiel.

1636. — En juillet 1636, Jean de Werth, général du duc de Bavière, et le général impérial Piccolomini, réunis aux hispano-belges du Cardinal-Infant et du prince Thomas de Savoie, s'avancèrent vers la Picardie. Seize à dix-huit mille cavaliers polonais, hongrois et croates, et douze à quinze mille fantassins avec trente pièces d'artillerie de siège, investirent la Capelle en Thiérache qui se rendit au bout de sept jours, le 10 juillet. A cette nouvelle alarmante, des ordres furent donnés pour mettre toutes les villes picardes en état de résister à l'ennemi. Les gouverneurs dûrent rejoindre en toute hâte leurs postes respectifs, et Compiègne vit arriver dans ses murs, le mercredi 16 juillet, M. le marquis d'Humières[2], « ayant

---

[1]. Mercredi 7 janvier 1637, payé à la veuve Jacques Diée, marchand, 48 livres tournois, pour 33 douzaines de bouteilles livrées à la ville, depuis le mois de septembre 1635 jusqu'au 18 août suivant, dans lesquelles a été mis le vin présenté aux princes et seigneurs, tant officiers de la Couronne que conseillers d'État, qu'aux officiers des Cours souveraines qui ont passé par ladite ville.

En 1629, payé à Jacques Diée, marchand, 29 sols tournois pour un gros registre en papier blanc par lui livré pour y enregistrer les actes de saisine qui se baillent par la ville.

[2]. *Bulletin de la Société de l'Histoire de Paris*, t. VII, 1880. (Mesures prises pour la défense de Compiègne, par M. le comte de Marsy.) Louis de Crevant, marquis d'Humières, mort le 20 mars

pouvoir de commander en cette ville conjointement avec Mgr le vicomte de Brigueil, son père ». Celui-ci arriva le lendemain rejoindre son fils et les attournés lui firent présent de pièces de gibier et de dix-huit pots de vin[1]. « Lesdits seigneurs logèrent au château, ayant ordre et pouvoir du roi de ce faire[2]. »

Le 18 du mois de juillet on commença à sonner la cloche de la ville, un bon quart d'heure durant, soir et matin, avant l'ouverture des portes de la ville. Les clefs des portes se partageaient, dont mondit seigneur le vicomte de Brigueil prenait moitié, l'autre moitié demeurant aux gouverneurs attournés[3].

Le 19 juillet, arriva à Compiègne l'argent du Roi pour payer l'armée de Picardie[4].

En 1615, lors de la révolte du prince de Condé, Louis XIII avait envoyé Étienne Tremblay pour mettre les fortifications en état de défense et les réparer; cette fois, ce fut un de ces nombreux Italiens, attirés en France par la Reine-mère, un ingénieur nommé Camille Mathéole, qui fut chargé de cette mission. Il vint à Compiègne le 23 juillet, par ordre de Sa Majesté, et descendit à l'hôtellerie des Trois-

---

1648, père du maréchal duc d'Humières, gouverneur de Compiègne, en survivance de Louis de Crevant, vicomte de Brigueil, chevalier des Ordres, son père, décédé à Azay le 2 novembre 1648.

1. Samedi 20 décembre 1636, payé à Gilles Tartenson, marchand hostelain, 10 livres 16 sols tournois pour 18 pots de vin présentés à M. le vicomte de Brigueil au mois de juillet dernier.

2. *Bulletin de la Société de l'Histoire de Paris*, l. c.

3. *Idem.*

4. *Idem.*

Pucelles, chez Antoine Poulletier, qui l'hébergea, lui
et son cheval, aux frais de la ville, jusqu'à la fin du
mois de mars 1637[1].

L'ennemi, poursuivant sa marche victorieuse, venait
de s'emparer du Câtelet en Vermandois en trois jours,
le 25 juillet, bien que le comte de Soissons et les
maréchaux de Chaulnes et de Brézé fussent à Saint-
Quentin avec un corps d'armée. La situation s'aggra-
vait ; aussi, dès le 27 juillet, on commença à mettre
sur les remparts les canons tirés du magasin de la
ville où Rieul Duchemin et son frère, maîtres charrons,
avaient employé vingt journées à raccommoder les
affûts et les roues de ces pièces d'artillerie[2].

Le 1er août, furent nommés douze habitants pour
être intendants des fortifications, afin de faire exécuter
ce qui était ordonné par le sieur Camille, ingénieur,
et hâter ceux qui étaient à la corvée, deux desquels
intendants se trouvaient tous les jours à tour de rôle
auxdits ouvrages[3].

La ville acheta à plusieurs taillandiers, moyennant

1. 8 avril 1637, payé à Anthoine Poulletier, marchand
hostelain, 422 livres pour dépenses de bouche faites en sa maison par Camille Mathéole, Italien, ingénieur, envoyé par Sa
Majesté à Compiègne pour tracer et conduire les fortifications
de la ville qui était menacée d'un siège par les ennemis, dépense
commencée depuis le mois de juillet dernier jusqu'à la fin du
mois de mars, compris la nourriture du cheval dudit Camille.

2. 20 mai 1637, payé à Antoine Delachelle, se portant fort
de Rieul Duchemin et son frère, maîtres charrons à Compiègne, 16 livres pour vingt journées par eux employées dans le
magasin de la ville à raccommoder les affûts à canon et les
roues y servant, et ce l'année dernière. (Archives de Compiègne,
B. B.)

3. *Bulletin de la Société de l'Histoire de Paris*, l. c.

180 livres tournois, 200 pics et hoyaux neufs qui furent distribués aux habitants des villages circonvoisins[1]. Ces populations, réquisitionnées pour faire des terrassements, étaient dressées et conduites à ces travaux par l'adjoint de Camille Mathéole, l'arpenteur et maître maçon Arthur Vasselin, qui levait les plans et faisait les dessins des bastions, ravelins et autres fortifications[2].

Tous les matins, Martin Herbet, manouvrier, mandait les villageois à la corne, les menait aux endroits marqués et avait mission de les surveiller[3]. On fit l'acquisition, moyennant 90 livres tournois, de quatre cents paniers pour servir de gabions sur les remparts; les héritiers de Jean-Claude Idée fournirent, au prix de cinquante livres, cinq cents pieux; Pierre Coustant, marchand, toucha la somme de 210 livres pour la livraison de onze cents pieux et d'un cent et demi de planches destinés aux fortifications. Philippe Durhu, conseiller élu, et Nicolas de Billy, chapelain de l'hôpital de Saint-Jean-le-Petit, vendirent à la ville: le premier, la coupe d'un arpent de seize verges de

1. En 1636, payé à Simon Lefebvre, Luc Esgret, Hugues Esgret, Antoine Lefebvre et Simon Esgret, maîtres taillandiers, 180 livres tournois, pour avoir fourni et livré à la ville 200 picqs et hoyaux neufs pour servir aux fortications de cette ville. (Archives de Compiègne, B. B.)

2. 1er avril 1637, payé à Arthur Vasselin, maître maçon, 30 livres tournois, pour avoir dressé et conduit ceux qui travaillent aux fortifications de la ville. (Archives de Compiègne, B. B.)

3. Mardi 26 mai 1627, payé 15 livres tournois à Martin Herbet, pour avoir conduit et veillé les villageois qui ont été mandés à la corne et ce pour l'espace de 30 jours, ce jourd'hui compris. (Archives de Compiègne, B. B.)

bois-taillis sis aux Bons-Hommes; le second, celle de deux arpents de bois situés à Plaisance, le tout converti en fascines et destiné à retenir les terrasses des fortifications. Le Roi autorisa le marquis d'Humières à faire couper dans la forêt douze arpents de bois, pour parer aux travaux de la défense et pour la construction de deux ponts dormants du côté de Venette.

Dès le premier jour d'août, les habitants montèrent la garde de nuit sur les remparts, dans des corps de garde approvisionnés de bois de chauffage, et Antoine Videlaine fit le guet jour et nuit au beffroi de la ville [1].

Les ennemis se dirigeaient vers la Somme; les généraux français essayèrent de leur disputer le passage de cette rivière, mais ils furent débordés par les masses de cavalerie déployées par les Hispano-Impériaux qui, le 2 août, forcèrent le passage de la Somme à Cerisy.

Le 3 août, le Roi écrit au vicomte de Brigueil, pour lui recommander de faire rentrer tous les soirs les bacs et bateaux, sur la rive de l'Oise qui touche à la ville [2].

Le comte de Soissons ne pouvant tenir tête aux envahisseurs, se replia sur Noyon, où son avant-garde,

---

1. 6 septembre 1636, payé à Jehan Couppy, receveur des dons et octrois de la ville, 48 livres 10 sols tournois, pour le chauffage des corps de garde dans lesquels les habitants ont fait la garde de nuit sur les remparts depuis le premier jour du mois d'août dernier. Idem, à Anthoine Videlaine, 24 livres tournois, pour avoir fait le guet au beffroy de la ville, l'espace de trente jours et autant de nuits. (Archives de Compiègne, B. B.)

2. *Bulletin de la Société de l'histoire de Paris*, l. c.

commandée par le marquis de Fontenay-Mareuil,
arriva le 7 août ; il fit garder tous les gués de l'Oise
et enrôler les paysans qui voulaient prendre les
armes pour défendre cette rivière. Ne trouvant plus
de résistance, Piccolomini et Jean de Werth entrèrent à Roye avec leur cavalerie, et les bandes féroces
des Croates et des Hongrois se répandirent dans tout
le pays, entre la Somme et l'Oise, mettant tout à feu
et à sang.

Le 4 août, ils furent à la Rue-Saint-Pierre, où
ils laissèrent des marques terribles de leur passage ;
ils s'emparèrent des châteaux de Mortemer et de Maignelay, appartenant au maréchal de Schomberg.

Pris de panique, les habitants des villages d'alen-
tour s'enfuirent devant le farouche Jean de Werth, et
vinrent en foule se réfugier dans la prairie de la ville,
au Petit-Margny, pour se mettre à l'abri sous les
murs et les canons de la place. C'était un sauve-qui-
peut général des gens de toutes les conditions, entraî-
nant leurs charrettes remplies d'objets précieux et
poussant devant eux leurs bestiaux. Ils accouraient
camper en plein air, hors des portes de la ville, celle-
ci menacée d'un siège, ne pouvant accepter dans son
enceinte et nourrir tant de bouches inutiles.

Le 6 août, un corps d'officiers de l'artillerie, à qui
la ville donnait 410 livres de gages par mois, s'installa
sur les remparts [1].

---

1. 6 septembre 1636, payé aux officiers de l'artillerie, 410
livres pour un mois de leurs gages, commençant ledit jour et
finissant le même jour du mois suivant, sçavoir octobre. (Archives de Compiègne, B. B.)

Le 7 août, les gouverneurs attournés, manquant de fonds pour mettre la ville en état de défense, prirent à intérêt, de damoiselle Florimonde Motel, veuve de Jean de Billy, la somme de 1800 livres, faisant 100 livres de rentes [1].

Le 10 août, le Roi enjoignit au comte de Soissons de se retirer à Compiègne, afin de défendre la ligne de l'Oise et couvrir Paris menacé. Louis de Bourbon partit de Noyon le lundi 11 août au matin, coucha à Choisy-au-Bac, et arriva le lendemain à Compiègne avec son armée qui campa hors la porte Chapelle. La ville le fut saluer à Saint-Corneille où il était logé et lui présenta deux douzaines de bouteilles de vin [2].

Le même jour, il convoqua à l'Hôtel-de-Ville les gouverneurs attournés ainsi que les principaux habitants et leur exposa que leur cité étant en danger, il était de toute nécessité de prendre des dispositions énergiques pour résister à l'ennemi ; qu'il y allait des intérêts des habitants, aussi bien que de ceux du Roi, et que si les ressources communales étaient insuffisantes [3], il fallait faire un emprunt assez élevé pour parer aux dépenses les plus pressantes et à la réfection des murs de la ville. La perspective d'un siège à soutenir qui pouvait avoir des conséquences terribles effrayait les Compiégnois. Ils n'avaient pas confiance dans leurs fortifications qui tombaient en ruines. Depuis longtemps, faute de ressources, l'entretien des remparts avait été totalement négligé ; on se contentait de rele-

---

1. Archives de Compiègne, C. C.
2. *Bulletin de la Société de l'histoire de Paris*, l. c.
3. Archives de Compiègne, C. C.

ver les pans de murailles écroulées sans chercher à consolider le reste. Au mois d'août 1628, les gouverneurs attournés avaient, en l'absence du vicomte de Brigueil, alors au siège de la Rochelle, procédé à l'adjudication au rabais des ouvrages de réparations des remparts. Raoul Boyenval, maçon, demeurant à Saint-Germain-lès-Compiègne, et ses confrères, Jehan Chandelier, Jehan Tirlet, avaient été déclarés adjudicataires, le premier, d'une brèche attenant la porte Chapelle et d'une autre près le Porniot ; les seconds, d'une brèche située entre la porte Paris et la tour des Jacobins, ainsi que d'une autre, proche le château du Roi. En 1632, deux brèches avaient encore été baillées au rabais, l'une entre le château du Roi et la première tour de la porte Chapelle, et l'autre près de l'église des Jacobins. Mais, depuis cette époque, aucune réparation n'avait été faite, les ressources de la ville étant épuissées.

Ce ne fut pas en vain que le comte de Soissons fit appel au patriotisme des habitants, et l'assemblée ne se sépara pas sans avoir pris les résolutions exigées par la situation. Des négociations furent entamées avec un riche marchand du Plessis-Brion, nommé Charles Roger, qui consentit, moyennant 3oo livres tournois de rente, à verser à la ville la somme de 54oo livres. L'acte de constitution de cette rente fut dressé le lendemain 13 août en ces termes :

« A tous ceux qui ces présentes lettres verront, Salut. Savoir faisons, que par devant Antoine Lecaron et Roch Bourguignon, notaires, garde-notes du Roi en la ville et bailliage de Compiègne, furent présents

noble homme Jacques Crin, licencié ès-lois, lieutenant
en la prévôté foraine de Compiègne, Simon de Navarre,
procureur, et Charles Lévesque, marchand, tous gouverneurs attournés de cette ville de Compiègne, lesquels ès-noms et qualités de gouverneurs et suivant
la résolution et conclusion prise en assemblée faite
au bureau de la ville le douzième jour du présent mois
et an pour subvenir aux urgentes et présentes néces-
sités et affaires d'icelle pour la conserver à l'obéis-
sance du Roi, et le bien des habitants de ladite ville,
menacée de siège par l'armée étrangère occupant la
province de Picardie, ont lesdits sieurs gouverneurs
en ladite qualité, reconnu et confessé avoir vendu,
créé, constitué, assis, assigné, vendent, créent, cons-
tituent et assignent, promis et promettent en ladite
qualité payer, fournir, faire bon valoir par chacun an
au 15 août, à honnête personne Charles Roger, marchand, demeurant au Plessis-Brion, ce présent et acceptant pour lui, ses hoirs et ayans cause, la somme
de 300 livres tournois de rente annuelle et perpétuelle
dont la première année de paiement sera et échéera
à pareil jour que l'on dira 1637, et ainsi continuer de
là en avant par chacun an, au audit jour du mois, jusqu'au remboursement d'icelle avec les frais de lettres
et arrérages à portion de temps à prendre, et perce-
voir ladite rente sur tous et chacun les biens et héritages de la dite ville, tant patrimoniaux, domaniaux que
d'octrois, un d'eux répondant pour l'autre et un seul
pour le tout, sans division, ni discussion. Cette vente
et constitution faite, pour et moyennant la somme
de 5400 livres tournois, qui comptés, nombrés et

baillés ont été par lesdits accceptans, du consentement, et en la présence desdits gouverneurs, à Me Gilles Charmolue, receveur des deniers patrimoniaux, domaniaux, dons et octrois, pour employer à l'effet de sa charge, aux urgentes et pressantes affaires de ladite ville, en espèces de pistoles d'Espagne, écus d'or, quarts d'écus et monnoyes, le tout au taux du dernier édit du Roi, dont lesdits gouverneurs et ledit Charmolue, se sont tenus et tiennent contents et en quittent iceluy acceptant, au profit duquel ils se sont dévestus et dessaisis de tous les biens et héritages appartenant à ladite ville, consentant saisine et tous autres requis et nécessaires en être baillés, faisans et constituants à cet effet leur procureur, le porteur des présentes, auquel ils ont donné et donnent tout pouvoir, promettant tenir et entretenir tout le contenu ci-dessus, obligeans à ce faire tous biens et héritages, renonçans à toutes choses à ceux contraires.

« Ce fut fait et passé à Compiègne au bureau de ladite ville, le treizième jour d'août 1636 de relevée, l'édit du scel notifié, et ont signé à la minute des présentes demeurée audit Bourguignon[1].

« Signé : L\ECARON\ et B\OURGUIGNON.\ »

Le 11 août 1636, et les deux jours suivants, il n'y eut que les habitants qui firent garde de jour et de nuit, et, ledit temps passé, la garde, tant de jour que de nuit, se fit par les habitants et les soldats du régiment des Gardes, tant Français que Suisses. La nuit, les habitants gardaient le corps de garde neuf du

---

1. Archives de Compiègne, D. D.

château, les corps de garde de la porte de Pierrefonds, de la porte de Paris et de la tour des Jacobins ;
les soldats français gardaient les corps de garde de
la porte du pont, de la porte Notre-Dame et de la
porte d'Ardoise ; les Suisses gardaient les corps de
garde du Porniot et de la tour des Anglais[1]. Pendant
tout le temps que dura cette faction, c'est-à-dire jusqu'à la fin du mois de septembre suivant, ces soldats
consumèrent pour 1221 livres 10 sols de bois de
chauffage[2].

Les malades et les blessés de l'armée du comte
de Soissons étaient installés et soignés dans deux
hôpitaux temporaires qui avaient été désignés par
ordre de M. de Choisy, intendant de justice, police
et finances de cette armée. Le premier fut établi dans
une maison vulgairement appelée du Thrésor, située
près de l'hôtel de Roye, et appartenant à Jehan
Deblois, prêtre, religieux de l'abbaye de Saint-Corneille, qui la céda gratuitement à la ville et ne consentit à recevoir d'elle que la somme de 45 livres pour
le dédommager du transport de ses meubles dans une

---

1. *Bulletin de la Société de l'Histoire de Paris*, l. c.
Les portiers des quatre portes de la ville étaient à cette date :
Philippe Bonnart, porte Paris ; Simon Lagneaux, porte de
Pierrefonds ; Michel Herbet, porte Chapelle ; Gilles Lagneaux,
porte du pont.

2. Samedi 18 octobre 1636, payé à Claude Idée, marchand,
la somme de 1221 livres 10 sols pour avoir fourni et livré cinq
demi-quarterons et demi de bois de chauffage et qui ont été
employés et distribués aux soldats français et suisses du régiment des Gardes qui étaient en garde aux mois d'août et septembre
derniers, lorsque Mgr le comte de Soissons avec son armée était
campé à Compiègne.

autre maison. Le second hôpital fut aménagé à Saint-Germain, dans un immeuble appartenant à Mademoiselle Marie Dufeu, veuve de Pierre Vestu, qui le loua 90 livres tournois pendant six mois[1].

Le Roi fit décharger à Compiègne des poudres et autres munitions de guerre. Celles-ci furent resserrées dans un cellier et magasin étant des dépendances de l'hôtel du Bout-du-Monde, appartenant à Antoine Loisel, conseiller élu, qui les loua trente livres tournois par an. Mais la place étant insuffisante, la ville prit encore à loyer de Jacob Fricaut, moyennant trente livres tournois pour dix mois, le cellier de sa maison de l'hôtellerie du Cheval-Blanc, à Saint-Germain[2].

En même temps que les troupes du Roi, la milice compiégnoise concourait à la défense ; composée de douze cents habitants bien armés et équipés, avec un capitaine, un lieutenant et un enseigne par chaque quartier de la ville, elle était commandée par Antoine Seroux, capitaine en chef. Afin qu'elle ne restat pas à court de munitions, les attournés achetèrent chez Emmanuel de Billy, pour 59 livres 3 sols de plomb ; ils firent l'acquisition de 862 livres de mèches à mousquetons, que M. Antoine de Frény, sieur de Saintonge, homme d'armes de la compagnie de Mgr le cardinal de Richelieu, leur vendit au prix de 103 livres 10 sols[3].

1. Archives de Compiègne, B. B.,
2. Archives de Compiègne, B. B.
3. Laquelle somme M. Antoine de Frény a promis rendre à la ville en cas qu'elle en soit recherchée suivant sa promesse mise aux liasses de la ville. (Archives de Compiègne, B. B.)

Le 23 août, la ville emprunta encore à Me Adrien Lévêque, président en l'élection, une somme de 2.000 livres, faisant cent onze livres deux sols six deniers de rente[1].

Le comte de Soissons avait ordonné par plusieurs fois la démolition des maisons hors la porte du pont, pour mettre le ravelin en défense; mais cet ordre, qui avait été éludé jusqu'ici, dût enfin être exécuté. Melchior Madeleine, maître charpentier, et Richard Droully, maître maçon, furent chargés de cette besogne qu'ils menèrent rapidement[2], car il fallait se hâter, l'ennemi se rapprochant de plus en plus. Le 26 août, il était à Grand-Fresnoy. Les habitants se réfugièrent dans leur clocher monumental comme dans une forteresse; du haut de ce donjon, ils firent pleuvoir sur les assaillants des projectiles de toute espèce, s'y défendirent avec acharnement et y soutinrent un siège dont le souvenir est rappelé par une inscription gravée sur l'un des piliers de la nef de l'église: « L'an 1636, le 26 août, l'Espagnol est venu icy. » L'ennemi vint ensuite à Lacroix-Saint-Ouen, dont il pilla les maisons et incendia l'église du prieuré. L'église de Gournay-sur-Aronde subit le même sort quelques jours après et fut presque complètement détruite. Des bandes de cavalerie avaient l'audace

1. Archives de Compiègne, C. C.
2. A Melchior Madeleine et ses consorts, charpentiers pour avoir desmoly plusieurs maisons estant aux environs du ravelin de la porte du pont, quinze livres quinze sols. A Richard Droully, masson, et ses consors, onze livres douze sols pour avoir desmoly la massonnerie des maisons qui estaient ès environs dudit ravelin.

d'apparaître jusque dans les faubourgs et en vue des remparts, ne craignant ni les mousquetades, ni les sorties des nôtres. Dans une de ces fréquentes escarmouches, où il y avait, de part et d'autre, quelques tués ou blessés, un trompette espagnol fut fait prisonnier et introduit dans Compiègne au milieu d'une escorte de gens d'armes qui le protégeaient contre une foule hostile. Ce prisonnier fut confié au prévôt de la ville, Louis Thibaut, qui, dans la crainte d'une évasion, mit auprès de lui un homme pour veiller et prendre garde sur ses actions. Il le conserva l'espace de six jours, pendant lesquels il le nourrit lui, son cheval et son gardien, aux frais de la ville, moyennant trente livres[1].

Les incendies qu'on apercevait dans le lointain, les cavaliers qui, sur la rive opposée de l'Oise, venaient caracoler plus nombreux et plus menaçants, annonçaient la prochaine apparition de l'armée espagnole. Le 28 août, au point du jour, le guetteur du beffroi, Antoine Videlaine signala des masses d'infanterie et de cavalerie se dirigeant vers Compiègne. Jean de Werth et le prince Thomas de Savoie, qui commandaient cette armée, prirent position sur la montagne de Margny et se préparèrent à assiéger la ville.

Dans l'intérêt de la défense, le comte de Soissons enjoignit au vicomte de Brigueil de faire raser le couvent des Capucins qui se trouvait en dehors des fortifications et pouvait servir d'abri aux ennemis.

1. Archives de Compiègne, B. B.

Les Pères de ce couvent étaient vénérés par la population à cause des services qu'ils avaient rendus aux pestiférés dans les années 1629 et 1630, et c'était bien à regret que le gouverneur de la ville[1] allait mettre cet ordre à exécution, lorsque le Père Boniface, s'adressant avec ferveur à une image de la Vierge, la supplia d'éloigner l'ennemi et lui promit d'édifier une chapelle en son honneur comme témoignage de la reconnaissance publique. Le vœu du Père Boniface fut exaucé ; les Espagnols, au lieu d'assiéger Compiègne, se retirèrent sans avoir tenté de s'en emparer. Le Cardinal-Infant avait mandé à ses généraux de ne pas s'engager trop avant en France, d'autant plus que, comme Compiègne, Beauvais et Saint-Quentin étaient prêts à la résistance la plus énergique et que l'armée française grossissait de jour en jour. Il n'en était pas moins vrai que la ville avait été miraculeusement préservée des horreurs d'un siège et le couvent des Capucins d'une destruction totale. Le 14 mai 1637, les fondements de la chapelle promise furent posés dans l'enceinte même du couvent, et le nouvel oratoire, achevé le 2 août de la même année, fut mis sous le vocable de Notre-Dame de Bon-Secours.

L'ennemi ayant opéré sa retraite vers la Somme, l'armée du Roi, tant cavalerie qu'infanterie qui se trouvait hors la porte Chapelle, s'en alla camper entre Coudun et Bienville, ladite armée composée de plus de dix mille hommes de pied et cinq mille che-

---

1. Le vicomte de Brigueil posa, en 1612, en grande cérémonie, la première pierre du couvent des Capucins.

2

vaux. Mgr le comte de Soissons partait tous les jours de Compiègne pour aller coucher au camp dans sa tente. Madame la comtesse de Soissons, sa mère, arriva le 3 septembre[1] pour voir son fils; elle logea à Saint-Corneille; la ville lui fit présent de six bouteilles d'hypocras et de six « boettes de confitures seiches. » La nuit, pendant que Mgr le comte allait coucher au camp, la porte du pont demeurait ouverte et était gardée, savoir : le premier corps de garde du côté des champs, par les soldats du régiment des gardes, et l'autre corps de garde du côté de la ville, par les habitants[2]. Pendant son séjour à Compiègne, ledit seigneur reçut la visite de plusieurs princes et grands personnages, à qui les gouverneurs attournés offrirent pour 227 livres de vin provenant des caves de Laurent Bullot, maître de la Grande-Croix-d'Or[3]. Ces réceptions fréquentes, auxquelles il était tenu d'assister, en sa qualité de capitaine en chef des habitants, obligèrent messire Antoine Seroux à certains frais de représentation, dont la ville lui tint compte et qu'elle évalua à la somme de 3o livres.

Aussitôt que l'armée fut partie, Compiègne fut

1. *Bulletin de la Société de l'Histoire de Paris*, l. c.
2. *Idem.*
3. Jeudi 27 novembre 1636, payé à Laurent Bullot, marchand hostelain, 227 livres pour vin par lui fourni et livré à plusieurs fois à la ville, et qui a été présenté depuis le mois de juin dernier à plusieurs Seigneurs passant par icelle ville, tant officiers de la couronne, conseillers d'Etat, qu'officiers des cours souveraines, principalement durant le mois d'août et septembre derniers, que l'armée, commandée par Mgr le comte de Soissons, a campé à Compiègne.

affligée de contagion, fièvres pourprées et différen-
tiées qui causèrent de grands ravages[1].

Le 4 septembre, M. le vicomte de Brigueil reçut
du Roi une lettre par laquelle Sa Majesté voulait
être informée du nombre des personnes et maisons
de la ville atteintes de la peste, ordonnant en outre
que l'on eût à ôter les immondices étant ès-environs
du camp, hors la porte Chapelle, mettre hors la ville
les personnes frappées ou suspectes, purger et aérer
les maisons et faire sortir tous les réfugiés[2]. L'épidémie, que l'on aurait pu localiser, se propagea dans
les environs.

Richelieu, mécontent du comte de Soissons, qui
exerçait le commandement avec si peu d'habileté,
avait appelé Monsieur à la tête de l'armée. Celle-ci
se disposait à quitter son camp de Coudun pour se
diriger vers la Somme, car, le samedi 13 septembre,
la ville fut en corps recevoir les commandements de
Mgr le comte de Soissons, à Saint-Corneille, comme
il était près de partir[3]. Gaston partit de Senlis, le
15 septembre, avec l'arrière ban de son apanage, pour
rejoindre l'armée massée au-delà de Compiègne, dans
les plaines d'Amy et de Fresnières. Il se porta ensuite
vers la ville de Roye, qu'on perdit deux jours à
reprendre, pendant que Jean de Werth opérait sa
retraite en Artois sans être inquiété.

1. *Bulletin de la Société de l'Histoire de Paris*, l. c
La peste à Compiègne (XVe, XVIe et XVIIe siècle) par le comte
de Marsy. Amiens, 1884.
2. *Bulletin de la Société de l'Histoire de Paris*, l. c.
3. *Idem.*

Vers la fin de septembre, Simon Lagneaux et Michel Herbet, portiers des portes de Pierrefonds et Chapelle, moururent de la contagion, et Gervais Péchot reçut 82 livres tournois pour avoir, lui et son aide, aéré les deux corps de garde où avaient eu lieu les décès.

Le dernier septembre, on donna congé aux canonniers de la ville, après les avoir employés deux mois entiers [1].

Pendant le mois d'octobre, plusieurs princesses et grandes dames traversèrent Compiègne pour se rendre auprès du Roi, au camp de Demuin entre Amiens et Corbie; les gouverneurs attournés leur offrirent des confitures sèches que Jehan Couppy avait achetées 31 livres tournois [2].

Le 22 dudit mois, Simon Dufeu, Jehan Demosle et Antoine Personne furent employés à la garde des portes de la ville pour en empêcher l'entrée aux vagabonds et autres personnes venant des villes et lieux infectés de contagion [3]. Les pestiférés étaient soignés avec le plus grand dévouement par Jacques Thuet [4] et Jacques Pluiette, docteurs en médecine. Ce dernier organisa un service médical dans une maison de santé spéciale pour les habitants nécessiteux et se distingua

1. *Bulletin de la Société de l'Histoire de Paris*, l. c.
2. Archives de Compiègne B. B.
3. Idem.
4. Le 20 juillet 1635, baptême de Marguerite, fille de Jacques Thuet, docteur en médecine et de demoiselle Antoinette Vivenel. Le parrain, Jacques de Brouilly, fils de noble homme Philippe de Brouilly, écuyer, seigneur d'Herville; marraine, Marguerite Lévêque, fille d'Athanase Lévêque, receveur des domaines de Compiègne. (Archives de Compiègne, G. G. 28.)

par son dévouement. Pour le récompenser de sa
noble conduite, les attournés, par délibération du
21 novembre, s'engagèrent à payer sa côte aux tailles,
pendant le temps que durerait l'épidémie, et firent
mention des services qu'il avait rendus[1]. Claude
Richard, maître chirurgien, fut établi prévôt de la
santé et reçut un traitement de la ville. Louis Ma-
thieu, aussi maître chirurgien, mérita la reconnaissance des habitants par son zèle et son désintéresse-
ment. Les attournés, pour lui témoigner leur grati-
tude, lui donnèrent en étrennes une salière et six
cuillers d'argent, qu'ils achetèrent 48 livres 10 sols
à l'orfèvre Noël Motel[2].

Arguant de ses maux, la ville implora en haut
lieu une diminution de tailles et appuya sa supplique
d'un présent dont Compiègne avait alors la spécialité.
Elle fit l'acquisition chez Christophe Barat, maître
pâtissier, au prix de 18 livres tournois, de deux pâtés
de venaison, qu'elle expédia à Paris par l'entremise
de Gabriel Journel, messager, et qui furent présentés au mois de novembre à messire Fontenay, trésorier de l'Épargne, et à M. Censier, greffier du bureau de MM. les trésoriers de France.

Malgré l'épidémie, le régiment de Piémont vint,

----

1. 3 juin 1639, payé à Jacques Pluiette, docteur en médecine, 56 livres, 9 sols, 4 deniers, à cause de pareille somme que
ledit sieur a été contraint payer pour ses côtes aux tailles des
deux dernières assiettes et dont la ville est tenue l'acquitter,
suivant l'acte et résolution du bureau du 21 novembre 1638,
étant dans la liasse qui fait mention de la contagion. (Archives
de Compiègne, B. B.)

2. Archives de Compiègne, B. B.

suivant l'ordre de Sa Majesté, le 4 novembre, loger dans les faubourgs. Il revenait du siège de Corbie, qui avait été prise récemment, et se dirigeait vers la Bourgogne pour repousser les attaques de Charles de Lorraine et du général Galas. Jehan Leclerc, maître boulanger, fournit à ce régiment 1015 pains ou rations du poids de 24 onces chacun, au prix de 110 livres, le tout payé sur les ressources communales[1].

Le temps n'était guère à la joie, mais la Saint-Nicolas n'en fut pas moins bien fêtée, le samedi 6 décembre suivant, par la basoche, malgré la recrudescence de l'épidémie, et pour participer à cette récréation, le clerc du bureau de la ville, Jehan Charpentier, ainsi que ceux de M⁰ François Lecaron, procureur, n'oublièrent pas de toucher, selon la coutume, à la caisse de M. Robert Leduc, receveur des deniers patrimoniaux, le premier, 10 livres, et les autres, 50 sols tournois.

Le 9 décembre, mourut de la peste et fut inhumé à Saint-Jacques, où l'on voit encore sa pierre tumulaire, Louis Lecaron, conseiller du roi et président en l'élection, qui « fut au printemps de son aage saisy d'une maladie contagieuse, quy pour lors, espuisait la ville de ses bourgeois, par l'effort de laquelle il cessa de vivre entre les mortels pour revivre immortel et triomphant de la mort. »

1. Archives de Compiègne, B. B. Le régiment de Piémont, commandé par le sieur de Puységur, avait été presque entièrement détruit par les Espagnols à Cerisy. Il ne restait pas cent vingt hommes et presque plus d'officiers.

Le 21 décembre, les services des deux sergents de la ville, Philippe Delavande, et Jérôme Delacour, furent réclamés pour venir en aide aux pestiférés et une allocation mensuelle leur fut accordée.

Le lundi 29 décembre, il fut payé à Nicolas et Charles Sarrazin, Philippe Bonnart et Balthazar Herbet, portiers de la ville, et à Antoine Delachelle, serviteur d'icelle, la somme de quinze livres, qui est à chacun d'eux 60 sols, en considération du peu de gages que la ville leur baille par chacun an [1].

1637. — Le terme de leur mandat triennal étant arrivé, les attournés résignèrent leurs fonctions, après avoir donné, selon l'usage, 12 livres tournois à Antoine Delachelle. Ils furent remplacés par Guillaume Bontemps, lieutenant particulier au bailliage, Albert Bocheron, avocat, lieutenant assesseur criminel de la maréchaussée et de robe courte, et Mᵉ Roch Bourguignon, notaire, qui reprirent la suite d'une situation déplorable. La peste continuait ses ravages et il mourait un si grand nombre d'habitants et de réfugiés que l'on avait été contraint d'enterrer les corps morts, dans le cimetière Saint-Pierre, après en avoir eu la permission des Pères Minimes, le 27 janvier 1637. Le commerce était nul, la perception des impôts impossible à cause de l'épidémie et de la misère, les finances de la ville épuisées, et ses revenus, par surcroît, étaient en-

---

1. 12 janvier 1637, payé à Antoine Délectun, serrurier, 6 livres 10 sols, pour avoir démonté l'horloge de l'Hôtel commun de la ville, l'avoir nettoyé, et y avoir fait deux ressorts à la grande roue, et un autre ressort à la roue qui fait jouer les appeaux de ladite horloge, comme aussi pour avoir redressé le balancier d'icelle. (Archives de Compiègne, B. B.)

core diminués par suite de réclamations justifiées.
Grégoire Blangy et Marie Bullot, veuve de Claude de
Mondéry, fermiers du mesurage, s'étant plaints de
n'avoir pu, non seulement recueillir le montant de leur
redevance annuelle, mais encore d'avoir été lésés dans
leurs intérêts, les attournés, après en avoir communi-
qué aux anciens gouverneurs, officiers et notables habitants, après avoir même entendu quelques personnes
demeurant dans le marché au blé, firent droit à leur
requête, et, outre la remise consentie sur leur fermage,
ils avisèrent de leur donner 60 livres, en considération
de la peste et guerre dont le pays était affligé. Ils
ordonnèrent encore au receveur de la ville de diminuer à Anne Martin, veuve de Philibert de Croüy,
fermier des prés de la ville, la somme de 40 livres,
pour les prétendues pertes subies pendant deux années
échues à la saint Jean-Baptiste 1638, à cause des
dégats faits dans les prés, par les réfugiés, lorsque
les ennemis ont passé la rivière de Somme, comme
aussi, lorsque les ponts-dormants ont été construits.

On n'était pas encore délivré de la crainte d'un
retour offensif des Espagnols ; l'état de siège était
toujours maintenu, et les habitants, assemblés au son
du tambour de Jehan Lemaire, continuaient à aller
en garde sur les remparts tant de jour que de nuit.
Martin Herbet et Philippe Demonchy, manouvriers,
avec leurs aides et compagnons, étaient encore occupés
à tracer les fortifications restant à faire aux environs
de la ville, suivant le dessin et l'ordre du sieur Camille
Mathéole. Arthur Vasselin dressait et conduisait les
villageois qui travaillaient aux remparts, et Antoine

Personne, Jehan et Claude Demosle veillaient à la garde des portes de la ville, pour en empêcher l'entrée aux vagabonds et autres personnes, venant des lieux infectés de contagion.

Si les revenus diminuaient, en revanche, les dépenses augmentaient sensiblement. Le monopole de la poudre, qui avait été aboli l'année dernière, venait d'être rétabli, et messire François Sabatier, nommé adjudicataire général de la fourniture des poudres et salpêtres de France, taxa la ville, pour sa part de l'année 1637, à la somme de 700 livres tournois, que Guillaume Bontemps lui paya au mois de février.

Au commencement de mars, les vénérés Pères Capucins, du couvent de la ville, reçurent 30 livres tournois, « pour avoir annoncé la parole de Dieu, durant l'avent et carême dernier », au milieu d'une affluence de fidèles, au premier rang desquels siégeaient les gouverneurs attournés.

Le 21 mars suivant, Guillaume Bontemps fit un voyage à Paris pour voir messire Fontenay, trésorier de l'Epargne, et lui payer 26 livres tournois, à cause des lettres de validation obtenues par la ville touchant les douze arpents de bois délivrés par le marquis d'Humières, l'année précédente, pour les fortifications.

Le gouverneur de Compiègne, qui était pour lors à son château de Touraine, eut la douleur de perdre sa femme Jacqueline de Humières. Aussitôt qu'ils apprirent cette triste nouvelle, les attournés, firent, le 1er avril, célébrer des services dans l'église de Saint-Corneille à son intention. Le détail de cette cérémonie, qui peint si bien les mœurs de l'époque, et qui coûta à la ville 153 livres 16 sols, est trop intéressant pour que nous ne le reproduisions pas en entier :

« Sur l'advis reçu de la mort de Mme la vicomtesse de Brigueil en Touraine, et que son cœur avait été apporté à Monchy, pour y être enterré, MM. les gouverneurs attournés assemblèrent les principaux de la ville en l'Hôtel de Ville, où fut arresté de faire célébrer les services en l'église Saint-Corneille, à la mémoire de ladite Dame, le mercredy, 1ᵉʳ apvril 1637.

« Les gouverneurs furent à Monchy convier audit service Mme de Humières (le seigneur de Humières étant pour lors en Touraine, auprès de Mgr le vicomte de Brigueil son père).

« Monsieur de Villognon, lieutenant pour le Roi au gouvernement de cette ville, y fut aussi prié par une lettre que la ville lui envoya à Lachelle, lieu de sa demeure.

« Lesdits gouverneurs furent aussi à Saint-Corneille donner avis de la résolution, à M. l'abbé et aux religieux, les priant de se préparer pour ledit service.

« La veille, qui fut le dernier mars, quatre sergents, avec le recommandeur des trépassés, revêtus de robes noires, sur lesquelles étaient, en papier, les armes de ladite dame, devant et derrière, furent par tous les carrefours de la ville, convier audit service, tous les habitants en ces mots : « Ayez, pour recommandée à vos prières et oraisons, l'âme de défunte, haute et puissante Dame Jacqueline de Humières, vivante femme de haut et puissant seigneur, messire Louis de

Crevant[1], chevalier des ordres du Roi, conseiller en ses conseils d'état, premier capitaine des cent gentilshommes de sa maison et de cent hommes d'armes de ses ordonnances, vicomte de Brigueil, baron de Preuilly et autres lieux, gouverneur de la ville et château de Compiègne, en l'intention de laquelle se fera le jour de demain, à neuf heures du matin, le service solennel en l'abbaye Saint-Corneille de cette ville. Vous ferez votre devoir d'y assister et prier Dieu pour elle. Et pendant ledit service, défenses sont faites à tous habitants, d'ouvrir les boutiques sous peine de 10 livres d'amende. »

« Au retour, lesdits sergents furent prier M. le lieutenant, les juges et autres principaux officiers de se trouver le lendemain, neuf heures du matin, en l'Hôtel de Ville, pour de là aller à l'abbaye de Saint-Corneille.

« Lesdits gouverneurs furent aussi convier audit service, Mme la princesse d'Espinoy, qui était pour lors, logée en la maison de M. François Seroux, procureur du Roi, en la forêt de Laigue.

« Les sergents prièrent encore MM. les curés, ensemble les chanoines de Saint-Clément et tous les religieux de se trouver audit service.

« Sur les cinq heures du soir, on sonna toutes les cloches des églises de la ville.

« On fit tendre de noir l'église Saint-Corneille, tant

1. Les Crevant étaient originaires de Touraine. Louis II de Crevant avait épousé, le 18 février 1595, Jacqueline de Humières, sœur de Charles de Humières, gouverneur de Compiègne, tué d'un coup de mousquet sous les murs de Ham.

le chœur que la nef, le devant des portes de ladite église, qui donnent sur le marché aux fromages et le marché aux fruits, ensemble devant la porte de l'Hôtel de Ville, et on fit mettre des armoiries partout.

« Dans le chœur de ladite église, autour du drap des morts, il y avait quatre bâtons en carré, sur lesquels furent mis quarante-deux cierges, avec force armoiries, tous joignant étaient les six torches de la ville, de la Table-Dieu, sur lesquels furent mises les armoiries de ladite Dame, et au-dessous d'icelles, celles de la ville.

« Sur le Grand-Autel il y avait seize chandeliers avec cierges sur lesquels pareillement furent encore mises les armoiries de ladite Dame.

« Les quatre autels, qui sont dans la nef, étaient pareillement parés de noir et de cierges comme dessus.

« Ledit jour de mercredi 1ᵉʳ avril 1637, neuf heures du matin, M. le lieutenant et autres officiers, étant audit Hôtel de Ville, M. de Villognon, lieutenant pour le Roi au gouvernement de la ville, M. de Bienville, M. du Chesnay, avec quelques officiers et domestiques de M. de Humières, arrivèrent et vinrent descendre à la Bouteille, où ayant été accueillis et priés de venir audit Hôtel de Ville, et y étant arrivés chacun, on partit pour aller à Saint-Corneille, à savoir ledit sieur de Villognon et M. le lieutenant de compagnie avec les autres gentilhommes, puis MM. les trois gouverneurs revêtus de robes de deuil, marchant tous trois de front, et ensuite le reste du corps de la ville.

« Au milieu de la messe, en laquelle il ne se fit point d'offrande, le Père capucin qui prêchait le carême audit temps, fit l'oraison funèbre dont il s'acquitta fort dignement.

« Est aussi à remarquer, qu'à ladite messe assistèrent tous les ecclésiastiques de la ville, savoir : les curés avec leurs chapes, et les religieux avec la croix et que pour tous services, il ne fut dit que ladite messe à l'intention de ladite dame, et qu'au même temps qu'on sonnait à Saint-Corneille, on sonnait aussi à toutes les autres églises.

« A la sortie de Saint-Corneille, le sieur de Villognon et les autres gentilshommes furent conviés à dîner et traités dans la salle de l'Hôtel de Ville.

« Frais faits pour ledit service :

Aux quatre sergents.	12 liv.	»
Pour le louage des robes desdits sergents, compris celle du recommandeur des trépassés.	»	50 sols.
A Jehan Hérisson, peintre, pour huit douzaines d'armoiries.	24 liv.	»
A Antoine Videlaine et Pierre Labbé, pour avoir tendu de noir, l'église de Saint-Corneille.	10 liv.	»
Aux serviteurs de l'église Saint-Corneille pour avoir sonné.	6 liv.	10 sols.
A celui de Saint-Jacques pour avoir sonné .	»	50 »
Comme pareillement, au serviteur de l'église Saint-Antoine, pour avoir sonné	»	40 »
A celui de l'église Saint-Clément.	»	30 »
Au recommandeur des trépassés	»	12 »
Aux deux serviteurs de la ville.	»	50 »
A Antoine Delachelle, menuisier pour avoir livré deux petits bancs servant à mettre les torches de la ville.	»	30 »

A Antoine Durhu, marchand, pour avoir
  livré cinq douzaines et demie de cierges
  du poids d'une livre chacun, dont a été,
  après ledit service, donné et envoyé aux
  Pères bénédictins une douzaine et demie
  et à Saint-Jacques, Saint-Antoine, Pères
  Cordeliers, Jacobins, Minimes, Capucins, chacun quatre cierges, et le surplus
  ayant été rendu audit Durhu, a été payé à
  celui-ci la somme de. . . . .   54 liv.   4 sols.
Pour 44 livres de cire, à raison de 26 sols la
  livre.

Le roi Louis XIII, par ses lettres de déclaration
données à Noisy, le 18 décembre 1636, avait exigé
pour l'année 1637, des villes et gros bourgs un emprunt destiné à compenser la diminution des tailles,
que Richelieu venait de réduire de moitié afin de
soulager les campagnes. Comme si ce n'était pas assez
de la guerre et de la peste, Compiègne avait été
taxée à la somme énorme de cinquante mille livres,
payable en quatre termes égaux, de deux mois en
deux mois, dont le premier à échoir le dernier
février 1637, avec faculté par elle d'emprunter cette
somme sur son crédit. La plus grande partie de cet
emprunt qui mécontentait la bourgeoisie n'avait pu
être collectée ni exigée des malheureux habitants
affligés de contagion ; aussi, les gouverneurs attournés,
pour donner satisfaction au Roi et pour assister les
pestiférés soignés dans la maison de santé, furent
contraints, le 3o avril, de prendre à intérêt, au nom de
la ville, des dames religieuses de Sainte-Périnne[1] et

1. Michel Binart, dit la Porte, violon à Compiègne, a voulu
déguiser le fermage qu'il tient des dames de Sainte-Périnne. Il

de sœur Charlotte de Harlay, abbesse du couvent, la somme de douze mille livres faisant 278 livres de rente qu'ils hypothéquèrent sur tous les revenus de la ville, entre autres sur 80 arpents de terre dans la prairie de Venette et sur leurs biens personnels.

A la fin de mai, quelques jours après l'entrée de Louise de la Fayette au monastère de la Visitation, le Roi vint à Compiègne et s'y arrêta quelques jours pour de là rejoindre, dans le Nord, l'armée du cardinal de la Valette. En prévision de cette arrivée, les gouverneurs avaient fait fabriquer, avec un mélange de sucre, de cannelle et de vin acheté 27 livres 19 sols, un excellent hypocras qu'ils offrirent à Sa Majesté. Ce fut pendant ce séjour que le Roi, d'après les inspirations de sa favorite, conçut le projet de mettre la France sous la protection de la Vierge Marie. Le désir d'obtenir du ciel un héritier lui fit, en février 1638, réaliser cette espèce de consécration qu'on a nommée le Vœu de Louis XIII.

Le Roi avait fait de l'arsenal de la ville un dépôt central de munitions et engins de guerre, pour approvisionner ses armées opérant contre les Espagnols, et, depuis le 1ᵉʳ avril dernier, il se fit des envois con-

se dit nécessiteux; c'est le plus riche laboureur de Margny. En 1618, il était hautbois et officier de la Grande-Écurie du Roi. Il prétend être exempt des tailles.

Sœur Charlotte de Harlay, abbesse de Sainte-Périnne, confesse avoir reçu de Mᵉ Gilles Charmolue, receveur des deniers communaux, à l'acquit de Guillaume Bontemps et Bourguignon, la somme de 278 livres pour une année échue au premier jour de mai dernier 1638, à cause de pareille somme de rente qu'ils doivent à l'abbaye.

tinuels de poudres qu'Antoine Delachelle descendit et resserra dans le magasin. Ce serviteur procéda à la livraison, qui en fut faite depuis à plusieurs commissaires de l'artillerie qui les voiturèrent en la ville de Guise et autres lieux. Il eut encore à s'occuper d'une besogne désagréable : la femme et un enfant de Balthazar Herbet, portier de la porte du pont, venaient de mourir de la contagion; il s'agissait de désinfecter au plus tôt son logis. A cet effet, il employa deux hommes qui vendirent leurs services très cher; moyennant 45 livres, et ce tant pour leurs salaires et nourriture que pour les drogues achetées chez l'apothicaire, Réné Sergent, ils aérèrent ce lieu contaminé et firent les fumigations nécessaires pour l'assainir.

Pour aviser aux moyens de faire cesser cette peste qui décimait toujours la population, les gouverneurs se réunirent, le 27 mai, dans la grande salle de l'hôtel commun de la ville. Ils décidèrent de construire, proche la forêt, du côté de la laye de Champlieu, une chapelle qui serait mise sous l'invocation de saint Roch et de saint Sébastien, et d'y ériger les statues de ces deux saints. Puis, le lendemain, se prosternant devant le grand autel de l'église de Saint-Corneille, ils firent le vœu d'aller le plus tôt possible en pèlerinage à Liesse et d'offrir à la Vierge un cœur d'argent en témoignage de leur affection. En même temps, l'on prit des mesures de salubrité publique. Nicolas Chollet, manouvrier, chargé de la garde des remparts afin d'empêcher qu'aucun immondice y fût porté, reçut l'ordre de nettoyer les égouts de la ville. Celui de la rue du Pont répandait dans tout le quartier une mauvaise odeur, celui du ravelin de l'Hôtel-Dieu était rempli d'immondices et entièrement bouché. Il n'était pas possible de le nettoyer; aussi pour faciliter cette opération et donner un passage aux eaux puantes, Raoul Boyenval, maçon, fut obligé de démolir les pierres qui étaient à l'entrée de l'égout et d'ôter les terrasses se trouvant aux environs de cette maçonnerie[1].

Mais ces détails importaient peu devant le succès de nos armes. Le cardinal de la Valette venait d'investir Landrecies, le 19 juin, et pour l'aider à prendre cette place, le Roi demanda aux gouverneurs de Compiègne d'avoir à fournir des hommes pour travailler à la circonvallation de la ville assiégée, ainsi que des charrettes et des chevaux pour y conduire les poudres déposées dans leur arsenal. Philippe Delavande, sergent, qui dirigeait les secours à donner aux pestiférés, partit précipitamment pour se rendre aux

---

1. Mardy 16 juin 1637, payé à Jehan Obled et Albert Lefèvre, maçon, 24 livres tournois pour avoir nettoyé l'égout du ravelin de l'Hôtel-Dieu qui était rempli d'immondices et entièrement bouché.

Vendredy 10 juillet 1637, payé à Raoul Boyenval, 24 livres tournois pour avoir desmoly la massonnerie qui estait à l'entrée de l'esgout du ravelin de l'Hostel-Dieu et osté les terrasses qui estaient ès-environs de ladite massonnerie, le tout afin que ledit esgout puisse plus facilement estre nettoyé et les eaux avoir passage par iceluy.

Au même, payé 15 livres tournois pour avoir recouvert de massonnerie l'esgout proche l'Hostel-Dieu, lequel avait été desmoli, afin que ledit esgout puisse plus facilement estre nettoyé. (Archives de Compiègne B. B.)

villages de l'élection et inviter les syndics et marguil-
liers à obéir aux ordres de Sa Majesté.

L'épidémie, loin de diminuer, redoublait de force :
il tardait aux gouverneurs attournés d'accomplir leur
vœu. Jacques Chandelier, maître maçon, et Pierre
Diée, maître platrier, se hâtèrent de construire près
de Royallieu, la chapelle vouée à la Vierge au sujet
de la contagion. Henri Pierret et Antoine Marié,
maîtres charpentiers, reçurent 285 livres pour avoir
livré et dressé toute la charpenterie nécessaire au
comble de cette chapelle à laquelle Antoine Delachelle fit une porte neuve de menuiserie[1]. Moyennant 355 livres 3 sols 6 deniers, prix convenu avec
lui et les attournés, Pierre Boucher, orfèvre, fournit
la matière du cœur d'argent dédié à Notre-Dame de
Liesse, la façonna, y grava les armes de la ville,
ainsi que les vers suivants :

> Quæ tua Carlopolis puro te corde Maria
> Diligit, hoc puro se tibi corde vovet.
> Suscipe votivum, et sua dum tibi debita solvet
> Per sua grassantem compita solve luem.

Ce cœur d'argent paré d'un ruban de soie acheté
72 sols 6 deniers, chez Charles Lévêque, fut resserré
dans un étui en cuir qui fut confectionné moyennant
10 sols par Jehan Charlot, sellier[2]. Jehan Hérisson,
peintre, livra 31 blasons avec lierre et clincant, sur

---

1. Archives de Compiègne B. B.
2. Le 20 juillet 1637, payé 10 sols à Jehan Charlot, sellier,
pour avoir, etc.

lesquels étaient peints et figurés le cœur d'argent[1]. Ces emblêmes furent portés processionnellement par une foule recueillie dans les paroisses et monastères pendant l'oraison des Quarante-heures, ainsi qu'au moment où chacun se préparait à partir à Liesse pour s'acquitter du vœu. Le voyage s'effectua au commencement de juillet; mais avant de sortir de la ville, les gouverneurs attournés accompagnés de plusieurs pères Jacobins qui portaient le cœur d'argent décidèrent de faire un repas en prévision de la longueur du trajet[2]. Ils se firent apporter à l'Hôtel de Ville par le pâtissier voisin, Adrien Amelin, la viande nécessaire pour apaiser leur faim, après quoi ayant fait provision de quatre grands pâtés afin de ne pas être à court de vivres pendant la route, ils montèrent tous ensemble dans le *chariosse* de Samson Guillebert, charretier, qui conduisait l'attelage. Beaucoup d'habitants partirent en même temps qu'eux, installés soit dans des coches, soit sur des montures, allant demander à la Vierge aide et protection pour la ville. Arrivés dans le sanctuaire, les attournés s'y prosternèrent bien dévotement et après avoir suspendu le cœur d'argent au cou de Notre-Dame de Liesse, ils récitèrent de nombreuses prières et firent célébrer plusieurs services. Leur vœu étant accompli, ils reprirent la route de Compiègne, pleins de confiance dans la miséricorde divine. Pendant le trajet, un des pères Jacobins s'aperçut avec désolation qu'il

1. Payé 34 livres à Jean Hérisson, peintre, pour avoir livré à la ville 31 blasons, etc.

2. Archives de Compiègne B. B.

avait perdu son manteau sur les chemins ; ne sachant comment réparer cette perte à cause de son extrême pauvreté, il implora les gouverneurs attournés qui lui firent donner par la ville une indemnité de 12 livres. Indépendamment de 44 livres données à Adrien Amelin, pâtissier, et à Samson Guillebert, charretier, les frais du voyage de Liesse, tant pour les services et prières faites au sanctuaire que pour dépenses de bouche et montures de coche coûtèrent à la ville la somme de neuf vingt deux livres. Le fléau n'avait pas cessé, mais il avait beaucoup perdu de son intensité. Jehan Demosle, Charles de Bédorrède, Anthoine Personne et Thomas Flambermont étaient encore employés à la garde des quatre portes de la cité pour en empêcher l'entrée aux vagabonds et autres personnes venant des villes et lieux infectés de contagion, ainsi qu'aux habitants de Compiègne étant aux loges frappés de la peste, sans auparavant avoir fait leur quarantaine. Le médecin Jacques Pluiette continuait de donner ses soins aux contagiés et venait d'avoir de sa femme Mademoiselle Antoinette Lecaron un fils nommé Jacques qui fut baptisé le 16 août. Le parrain fut noble homme Guillaume Bontemps, conseiller du roi, lieutenant particulier et gouverneur attourné ; la marraine fut demoiselle Marie Seroux, femme de noble homme Jacques Poulletier, premier élu et assesseur.

Ce Guillaume Bontemps, ainsi que plusieurs notables de la ville étaient hostiles à l'emprunt forcé de 5o.ooo livres qu'ils trouvaient exorbitant. Les conditions malheureuses dans lesquelles on se trouvait ne permettaient pas de recueillir une pareille somme dont il fallait emprunter la plus grande partie. La ville n'était déjà que trop endettée et ne pouvait plus faire face à ses engagements. Ces Messieurs donnèrent l'exemple de la résistance aux ordres du Roi ; ils s'opposèrent non seulement au versement par la ville des termes de l'emprunt, mais encore se refusèrent à payer leur quote part. Le châtiment ne se fit pas attendre: le 26 août, Guillaume Bontemps fut arrêté en la ville de Paris et mis sous la garde de plusieurs huissiers pendant quelques jours. Les frais de son arrestation s'élevèrent à 85 livres et furent payés sur les deniers communaux. Réné Potier, élu, assesseur en l'élection, lieutenant de la forêt de Cuise, fut enfermé au For-l'Évêque. Antoine Loisel, conseiller élu, assesseur en l'élection, fut emprisonné à Paris, selon l'exploit de l'huissier Leduc et la ville fut condamnée à payer 3o livres pour les frais de l'arrêt de sa personne. Louis Charpentier, avocat, substitut du procureur du Roi, et Jean Pasquier, lieutenant criminel de l'élection, subirent le même sort à la même date et la ville eut encore à verser les frais de ces arrestations, c'est-à-dire 58 livres 10 sols pour l'un et 5o livres pour l'autre.

Le 7 octobre, il fut arrêté de ne plus faire la garde la nuit, tant pour ce que les ennemis s'étaient retirés de la Picardie qu'à cause de la contagion, de peur que les habitants ne s'infectassent les uns les autres dans les corps de garde.

Le 23 octobre, le guetteur Antoine Videlaine mourut probablement de la peste, car son successeur Jean Demosle ne prit possession du beffroi qu'après qu'il eut été nettoyé par Nicolas Chollet, le gardien des remparts.

A peu près vers cette époque, Albert Bocheron, avocat, gouverneur attourné, fit un voyage à Paris à cause des affaires de la ville et au sujet de l'emprunt forcé.

Au mois de novembre, trois pâtés de venaison achetés 31 livres tournois à Philibert Bontemps, pâtissier, furent présentés en la ville de Paris à MM. Fontenay et Fournier, trésoriers de France, et au sieur Lefebvre, commis de l'emprunt, afin de se concilier leurs bonnes grâces dont on avait grandement besoin. L'argent était rare et cependant il fallait en trouver pour satisfaire aux exigences du Roi. En outre, il y avait encore les emprunts particuliers dont les intérêts étaient à payer. Le samedi 21 novembre, Charles Roger, marchand, au Plessis-Brion, toucha pour la première fois la somme de 300 livres, montant d'une année d'arrérages de rente échue le mois d'août dernier, à cause des 5.400 livres prêtées par lui à la ville.

Cette année, ce fut le révérend père François Durand, prieur du couvent des Jacobins, qui annonça la parole de Dieu, durant l'Avent, et les gouverneurs attournés, selon la coutume, ne manquèrent pas d'assister à ses prédications.

1638. — Le 16 janvier, Guillaume Bontemps, lieutenant particulier au bailliage, reçut la somme de 300 livres tournois pour frais et deniers par lui déboursés en plusieurs voyages qu'il avait faits à cause des affaires de la ville depuis cinq semaines, et ce en la compagnie de M. de Villognon, messire Jean Brugniart, élu, Me Jacques Crin, lieutenant en la prévôté foraine, et de plusieurs habitants, tant ès-villes de Laon, Soissons, Paris, qu'autres lieux où se trouvaient des troupes devant entrer en garnison à Compiègne.

Aussitôt de retour de ces voyages, Claude Renot, écuyer, sieur de Villognon, assista comme parrain au baptême de Guillaume, fils de Me Réné Sergent, apothicaire, et de demoiselle Catherine Fournet, sa femme; la marraine fut demoiselle Claire Marie de Melun, fille à marier de haut et puissant seigneur Guillaume de Melun, prince d'Espinoy.

Vers la fin de décembre 1637, sept compagnies de gens d'armes entrèrent en garnison dans la ville et y prirent leurs quartiers d'hiver. Pendant tout le mois de janvier suivant, Martin Herbet et Jean Demosle s'occupèrent activement de répartir ces troupes dans les locaux qui leur étaient attribués et reçurent en récompense une gratification de 15 livres 10 sols. Pour souhaiter la bienvenue aux chefs et officiers de ces sept compagnies d'ordonnance, les attournés leur firent présent d'un muid de vin français acheté 63 livres chez Elie Marquin, maître de l'hôtel du Porc-Épic, ainsi que d'un second payé le même prix à Pierre Hersan, hôtelier, près du Jeu de l'Arquebuse.

M. le marquis de Dinteville, sous-lieutenant de la compagnie des gens d'armes de la Reine, avait acheté à Soissons une grande provision d'avoine destinée à la nourriture des chevaux de sa compagnie et des six autres d'ordonnance se trouvant à Compiègne. Le bateau chargé de cette avoine s'arrêta au-dessous du pont de la ville et y resta un jour et deux nuits sous la garde de Philippe Delavande, Jacques Bernier et Simon Caron, sergents, qui touchèrent 18 livres pour cette besogne. Ces gens d'armes étaient d'une exigence telle que la ville eut bien vite assez de leur présence, car dans le courant de février, Albert Bocheron, gouverneur attourné, fit exprès un voyage à Paris pour solliciter la décharge de cette garnison, comme aussi pour faire enregistrer au greffe de la Table de marbre les lettres de validation touchant les douze arpents de bois délivrés par Mgr le marquis d'Humières pour les fortifications. Le bois de chauffage pour le présent hiver fut fourni par Jacob Lion, marchand apothicaire, demeurant à l'hôtel du Corbillon, sur le marché aux fruits. Dans le courant du mois de mars, il reçut sept livres pour avoir vendu et livré deux cents fagots qui furent brûlés et consumés dans la chambre du conseil de l'Hôtel de Ville[1].

Le révérend père François Durand qui avait prêché

1. Jeudi 27 avril 1634. Jacob Lion, marchand apothicaire, a été ensaisiné de l'hôtel du Corbillon sur le marché aux fruits, tenant d'un côté à Antoine Leclerc, d'autre à l'hôtel du petit Corbillon, d'un bout sur le marché aux fruits, d'autre bout, par derrière, aux héritiers de feu Antoine Crin. Cet hôtel a été acheté 615 livres tournois, d'après saisie faite sur ledit Lion et Arthur Lion. Il doit 4 deniers de cens à l'Hôtel de Ville, 8 livres de rente propriétaire envers Athanase Lévêque, 12 sols 6 deniers tournois de rentes envers l'Hôtel-Dieu et 44 sols 6 deniers de rente, envers l'église Saint-Jacques. 30 livres tournois de droits seigneuriaux ont été versés au receveur de la ville.

le dernier Avent, prêcha aussi durant le Carême et le
couvent des Jacobins toucha 3o livres pour ces deux
stations.

Au mois de mai, lorsque le Roi vint à Compiègne
pour y faire son séjour habituel, les gouverneurs
attournés lui présentèrent des bouteilles pleine d'hypocras et de vin français, dont les princes et officiers
de la couronne eurent aussi leur part, et offrirent aux
princesses et dames de l'entourage de Sa Majesté des
boîtes de confitures sèches achetées chez l'apothicaire
René Sergent. Six blasons aux armes de France, peints
par Jehan Hérisson, maître peintre, furent mis devant
le château ainsi qu'aux portes de la ville et y restèrent
jusqu'au départ de la Cour.

Le 17 juin, Florimonde Motel, veuve de Jean de
Billy et Anne de Billy, femme de M. Antoine Crin,
autorisée par justice, reçurent pour la première fois la
somme de 100 livres de rente, pour une année échue
au septième jour d'août 1637, à cause de l'emprunt de
1800 livres du mois d'août 1636. Ce retard de près
d'un an dans le paiement de ces intérèts, n'avait rien
d'étonnant; la ville était aux abois, l'emprunt forcé
qui, d'après les ordres du Roi, aurait dû être payé entièrement à la fin du mois d'août de l'année dernière,
ne l'était pas encore. On avait obtenu un répit à cause
de la situation malheureuse des habitants, et le dernier terme, soit la somme de 12.500 livres, restait à
verser à MM. les trésoriers de France. Mais pour par-
faire cette somme, il manquait celle de 844 livres que
les gouverneurs attournés furent contraints de demander de nouveau, par la voie ruineuse de l'emprunt. Ils

eurent recours à Messire Charles Martin, qui consentit à ce prêt par contrat du 3 août, portant constitution en sa faveur, de 46 livres 19 sols de rente.

Le 5 septembre, jour anniversaire de la naissance de Richelieu, un grand évènement avait eu lieu au château de Saint-Germain. Anne d'Autriche avait mis au monde un Dauphin, qui fut nommé Louis Dieu-donné. Aussitôt cette heureuse nouvelle connue, la ville, pour marquer son allégresse, fit tirer par plu-sieurs fois, les canons et boîtes qui avaient été voitu-rés du magasin jusque sur les remparts, par Antoine Marié, maître charpentier, et ses aides [1].

A la même époque, les gouverneurs s'occupaient de fournir le contingent exigé par le Roi, pour ren-forcer l'armée de Picardie, commandée par les maré-chaux de Châtillon et de la Force. La ville était tenue de livrer dans le plus bref délai neuf soldats tout armés et équipés. Elle se hâta d'acheter huit habits à Jehan Desmolin, neuf chemises et autant de rabats à François Dhomme, marchand linger, neuf paires de souliers neufs, à Pierre de Flandre, maître cordon-nier. Louis Bruyant, maître fourbisseur, demeurant à l'hôtel de l'Épée, au Petit-Margny, fournit neuf épées et Pierre Lohier, chapelier, huit chapeaux [2]. Ces sol-

----

1. Lundi 13 septembre 1638, payé à Antoine Marié, maître charpentier, 42 livres pour avoir, lui et ses aides, mis sur les remparts de la ville, les canons et les boîtes, qui ont été tirés par plusieurs fois, à cause de la naissance de Mgr le Dauphin, remis iceux dans le magasin, et payé les charretiers qui ont servi à la conduite et voitures des canons.

2. Il fut payé pour cette fourniture à Jehan Desmolin, mar-chand, 105 livres 11 sols, à François Dhomme, 21 livres tour-

dats, à qui la ville avait accordé certains privilèges pour les décider à partir, reçurent pour leurs frais de voyage, 63 sols chacun, mais celui d'entre eux à qui dans la précipitation du départ, n'avait pu être livré ni habit, ni chapeau, reçut 17 livres pour compléter son équipement, lorsqu'il serait arrivé à destination. Ils ne voulurent pas quitter Compiègne, sans avoir auparavant, fait un déjeuner qui coûta encore 45 sols; après quoi, la ville pour plus de sûreté, et dans la crainte de les voir revenir, les ayant fait accompagner jusqu'à la Neuville-Roy, par Jehan Demosle et Claude Demosle, son fils [1], ils se dirigèrent du côté du Vermandois, pour regagner l'armée du Roi, qui assiégeait le Câtelet.

Cette ville, que les Espagnols avaient conservée deux ans, fut reprise d'assaut, le quatorze septembre.

Trois jours après, mourut le principal du Collège, Pierre Bonin. Il avait fait faire à cet établissement, quelque temps avant sa mort, diverses réparations urgentes, qu'il paya de ses deniers, et qui se montaient à six vingt livres. Cette somme fut remboursée aussitôt son décès par les attournés à Jacques Bonin, son frère et héritier. Ceux-ci n'avaient pas encore réussi à faire décharger la ville des troupes de cavalerie et

nois, à Pierre de Flandre, 22 livres 10 sols tournois, à Louis Bruyant, 14 livres 8 sols, et à Pierre Lohier, 7 livres, 16 sols.

1. Ils reçurent 4 livres pour conduire lesdits soldats jusqu'à la Neuville-Roy.

Le 17 février 1689, cinq soldats de milice furent à nommer. La ville choisit : Jacques Masson, compagnon bonnetier, âgé de 28 ans, Jean Ancel, aussi compagnon bonnetier, âgé de 25 ans, Antoine Carbon, compagnon teinturier, âgé de 23 ans,

d'infanterie, qui s'y trouvaient en garnison depuis plus d'un an. Ils recommencèrent leurs démarches, et pour obtenir le changement qu'ils désiraient, ils firent tant à Paris, Chantilly, Saint-Quentin, qu'en la ville de Soissons, plusieurs voyages pour lesquels Jean de Lusseux, maître des relais, leur fournit plusieurs chevaux de poste [1].

Profitant de ce que M. Desnoyers [2], secrétaire d'état de la guerre, était à Saint-Quentin, M. Guillaume Bontemps, gouverneur attourné, M. Denis Geoffroy, prévôt royal de Thourotte et Gilles Charmolue, receveur des deniers communaux, allèrent le 6 octobre le saluer de la part de la ville et le supplier de la gratifier, et de l'avoir pour recommandée lors du département des quartiers d'hiver, au sujet du logement des garnisons [3].

En novembre, le Roi nomma major de Compiègne aux gages de 1,200 livres par an, un sujet d'origine italienne, François Richard de Gaya dont la charge se transmit de père en fils, pendant un siècle. Il habi-

---

Charles de Sacy, compagnon vannier, âgé de 25 ans, et Louis Servais, pour servir pendant deux ans, à la charge qu'au bout de ce temps, ils seraient reçus maîtres de leurs métiers et jouiraient des mêmes droits et privilèges des autres maîtres sans être tenus de faire aucuns festins, ni payer aucuns droits de confrérie. Mais ensuite ils se ravisèrent et demandèrent en échange une somme de 100 livres chacun. Ce qui leur fut accordé. La ville en fut pour ses frais, car ces soldats désertèrent.

1. Pierre Génetesse, valet des relais de Jean de Lusseux, a qui il fut payé pour ces voyages 118 livres tournois.

2. Le maréchal de la Mothe-Houdancourt était parent et ami de M. Desnoyers.

3. Ce voyage coûta à la ville, la somme de 70 livres 1 sol.

tait une maison qu'il avait achetée des héritiers de Simon Couppy et pour laquelle la ville lui payait 120 livres par an à titre d'indemnité de logement.

La peste avait complètement disparu de la cité, mais elle s'était répandue dans les alentours et pour en éviter la réapparition, les gardiens des quatre portes continuaient à empêcher les vagabonds et gens venant des lieux contagiés d'entrer dans Compiègne. Jehan Demosle[1], sonnait la cloche de la ville soir et matin à la fermeture et à l'ouverture de ces quatre portes. Maintenant que tout danger d'épidémie était écarté, les habitants qui n'avaient pas cessé de monter la garde de jour sur les remparts, reprirent celle de nuit d'après les avertissements journaliers d'Antoine Delachelle. Ce brave serviteur, qui gagnait 66 livres par an, ayant porté son costume officiel pendant une durée de trois ans, échus à la saint Jean-Baptiste, fut tout de neuf habillé, aux frais de la ville. Celle-ci, pour lui faire confectionner un habillement et une robe, acheta à la veuve de Charles Lévêque, marchand, l'un des gouverneurs attournés, moyennant 60 livres, du drap et des étoffes aux couleurs de la cité. Les deux tiers de cette somme, soit 40 livres furent, selon la coutume, payés sur les ressources communales, l'autre tiers fut pris sur le revenu de la Table-Dieu.

1639. — La veille de la saint Martin d'hiver, le régiment du sieur de Genlis entra en garnison à

---

1. Payé à Jehan Demosle, 30 livres 8 sols, pour avoir sonné la cloche de la ville, soir et matin, à la fermeture et ouverture des portes, l'espace de deux mois.

Compiègne, le séjour qu'il y fit fut d'une longueur démesurée et très dispendieux pour la ville. Charles de Namur[1] fournit aux soldats de ce régiment qui allaient en garde, tant de jour que de nuit, trois demi-quarterons de bois de chauffage, avec deux cents fagots. Noël Thouset[2], marchand-voiturier par eau, se rendit exprès avec son bateau aux villes de Beaumont, Creil et Pont-Sainte-Maxence pour y charger 5o muids de vin et 15 muids de blé, mesure de Paris, qui furent amenés par lui à Compiègne afin d'assurer la subsistance du régiment.

Pendant les trois mois consacrés à l'installation de cette garnison, M. de Villognon logea à l'hôtellerie de la Grosse-Tête, chez Antoine Bourguignon[3], docteur en médecine, et sa dépense de bouche ainsi que la nourriture de son cheval resta à la charge de la ville. Celle-ci, pour resserrer le blé, l'avoine et les vins destinés aux soldats, loua moyennant cent livres plusieurs magasins appartenant à demoiselle Radegonde Poulletier, veuve de Léon Charmolue, grainetier. Claude Charpentier reçut 20 livres pour le louage d'un grand grenier servant de magasin à foin, et Jean Cousturier, marchand, 100 livres pour quatre greniers et celliers de sa maison afin d'y déposer les

1. Mardi 14 décembre 1638, payé à Charles de Namur, marchand, six vingt-sept livres, 7 sols pour cette fourniture.

2. Mardi 5 janvier 1639, payé à Noël Thouset, marchand-voiturier par eau, 100 livres pour avoir été exprès de cette ville... etc...

3. Juin 1639, payé à Antoine Bourguignon, docteur en médecine, 101 livres, 10 sols pour reste de la dépense de bouche faite par M. de Villognon, lieutenant pour le Roi au gouvernement de Compiègne.

subsistances et denrées du régiment de Genlis, tant vin, blé, avoine que foin.

Denis Moransy, geolier des prisons de la ville, reçut à titre d'indemnité 18 livres tournois pour les peines et incommodités qu'il avait subies pendant les six mois de garnison du régiment susdit. Durant ce temps, beaucoup de soldats jusqu'au nombre de 65 et plus avaient été mis à plusieurs fois dans les prisons à cause de leurs insolences, et le geôlier n'en avait retiré aucun profit par suite de leur pauvreté. Déjà, dès le 30 mars, les habitants étaient lassés de cette garnison et commençaient à se plaindre.

Albert Martin[1], procureur, se faisant l'écho de leurs doléances, fit dans la première quinzaine de mai un voyage à Paris pour aller trouver M. Talon, intendant de la justice en la généralité de Paris et lui demander, au nom de la ville, à être déchargé du régiment de Genlis.

Le maréchal de Châtillon vint camper avec son armée à Compiègne et aux environs pendant les mois d'avril et mai. Ce brave guerrier qui, depuis la levée du siège de Saint-Omer où il avait échoué, avait reçu du Roi mécontent l'ordre de se retirer dans sa terre de Châtillon-sur-Loin, venait d'être rappelé de son exil. Il avait le commandement d'une réserve afin de soutenir au besoin deux autres armées qui opéraient dans les Pays-Bas : la première, commandée par le sieur de la Meilleraye, grand-maître de l'artillerie, était entrée dans l'Artois dans le courant de mai et

1. Mercredi 18 mai 1639, payé à Albert Martin, procureur, 29 livres tournois pour un voyage par lui fait... etc...

assiégeait Hesdin ; la seconde, sous les ordres du marquis de Feuquières, était dans le Luxembourg et attaquait Thionville. Les gouverneurs attournés offrirent du vin provenant des caves de Jehan Martin aux officiers de l'armée du maréchal de Châtillon[1]. La présence de ces troupes donna lieu à des allées et venues de seigneurs et grandes dames qui reçurent en présent du vin livré par Noël Motel, orfèvre, ainsi que du gibier, des biscuits et des macarons fournis par Adrien Amelin, pâtissier[2].

Après la défaite de Thionville, où le marquis de Feuquières fut battu par Piccolomini, le 7 juin, Claude de Pronnay et Philippe Delavande, avec leurs compagnons, se rendirent dans les faubourgs de la ville et dans les villages des environs pour avertir les laboureurs et charretiers. Il s'agissait pour ces derniers d'amener à Compiègne leurs chariots et charrettes attelés de chevaux afin de voiturer en la ville d'Amiens les poudres et munitions de guerre qui étaient resserrées dans le magasin[3].

1640. — Au mois de novembre 1640, la maréchale de Châtillon passa par la ville de Compiègne où les attournés lui présentèrent 6 tartes d'amandes et une

1. Samedi 9 juillet 1639, payé à Jehan Martin, marchand, 10 sols pour vin par lui livré à plusieurs fois pour la ville depuis le mois d'octobre dernier et qui a été présenté à plusieurs seigneurs, etc... en ce compris aussi 200 de fagots que ledit Martin a livrés et qui ont été employés dans la chambre du Conseil de l'Hôtel de Ville.

2. Jeudi 9 juin 1639, payé à Adrien Amelin, pâtissier, 43 livres pour gibier... etc...

3. Lundi 27 juin 1639, payé à Claude de Pronnay et Philippe Delavande, 30 livres pour... etc...

douzaine de grands biscuits achetés 12 livres 10 sols à Adrien Amelin, pâtissier. Cette dame allait rejoindre son mari qui, après avoir pris Arras le 9 août dernier, guerroyait en Flandre.

1642. — En juin 1642, un régiment de suisses, les régiments de Nanteuil et de Poitou vinrent à Compiègne et demeurèrent pendant plus de trois semaines dans la ville et les faubourgs.

La reine-mère, Marie de Médicis[1], étant morte à Cologne, le 3 juillet 1642, à l'âge de 78 ans, dans un état voisin de la misère, le cardinal de Richelieu ordonna qu'un service funèbre fut célébré dans l'église de Saint-Corneille pour le repos de son âme.

1643. — Louis XIII mourut à son tour le 16 mai 1643. Cinq jours après eut lieu la bataille de Rocroy gagnée par le célèbre duc d'Enghien qui n'avait encore que vingt-cinq ans. Compiègne reçut pour sa part et eut à nourrir 887 prisonniers provenant de cette fameuse infanterie espagnole commandée par le vieux comte de Fontaines.

1644. — Le 2 août 1644, les cloches de l'église Saint-Antoine[2] annoncèrent un baptème de haute marque, c'était celui de Simon, fils de Jacques Pluiette, docteur en médecine, et de demoiselle Antoinette Lecaron, le parrain fut le révérend père en Dieu, Messire

---

1. Saint-Jacques, 31 août 1676. Inhumation de Pierre Laisné, valet de chambre de la feue reine, Marie de Médicis, aïeule du roi.

Saint-Jacques, 25 avril 1678. Inhumation de demoiselle Antoinette Dehaze, veuve de défunt noble homme Pierre Laisné.

2. Archives de Compiègne C. C. 359.

Simon Legras, évêque de Soissons et abbé de Saint-Corneille, la marraine fut Mademoiselle Jacqueline de Morillon, femme de Messire Nicolas Legras, secrétaire de la maison de la reine-mère, régente du Roi.

1646. — Le 11 octobre 1646, le duc d'Enghien prit Dunkerque aux Espagnols. Le 26 décembre suivant, son père, le prince de Condé, mourait, laissant à son fils une riche succession ainsi qu'un hôtel situé rue des Chevaux, dont les dépendances avaient été occupées en 1557, à l'époque du siège de Saint-Quentin, par les religieuses de Sainte-Périnne. Son argentier était Nicolas Dufour[1], grand chasseur des plaisirs du Roi en la forêt de Cuise.

1647. — Le principal du Collège, l'oratorien Édouard de Pontayx, qui avait succédé à Pierre Bonin, jouissait d'une très mauvaise santé ; il était continuellement malade et ses fréquentes indispositions l'empêchaient de vaquer à sa charge. Voulant remédier à cette situation préjudiciable aux intérêts de la ville, les gouverneurs attournés décidèrent, en 1647, de lui donner 75 livres tournois pour l'aider à regagner Avignon, son pays natal.

1648. — Le vicomte de Brigueil mourut le 2 novembre 1648, à l'âge de 83 ans et fut remplacé comme gouverneur de Compiègne par son petit-fils le maréchal d'Humières, alors âgé de 20 ans.

---

1. Le 26 décembre 1656, le prince de Condé mourut. Noble homme Nicolas Dufour, grand chasseur des plaisirs du Roi en la forêt de Compiègne, était son argentier audit lieu. Le prince possédait un hôtel rue des Chevaux.

1649. — L'année suivante, le 20 septembre, Charles de Valory, seigneur de la Motte, fut nommé lieutenant de Roi après le décès de Claude Renault, sieur de Villognon.

DEUXIÈME PARTIE

La ville reçoit l'ordre de conduire des munitions à Ham. — Passage de troupes pendant les troubles de la Fronde. — Séjour d'Anne d'Autriche à Compiègne. — Réédification de la Chapelle de Notre-Dame-de-Bon-Secours. — Seconde invasion espagnole en Picardie. — Préparatifs de défense. — Prise de Montmédy. — Arrivée à Compiègne de Mademoiselle de Montpensier. — Bataille des Dunes. — Guérison à Compiègne du roi Louis XIV. — Réjouissances publiques à cette occasion. — Passage du régiment de Turenne avec son chef. — Paix d'Espagne et mariage du Roi de France avec l'infante d'Espagne. — Grandes réjouissances données avec le concours des chevaliers de l'Arquebuse.

1650

LE 14 juin 1650, le Roi étant à Compiègne, la ville reçut l'ordre de livrer des charretiers pour conduire des munitions à Ham, qui était menacée d'un siège par les Espagnols, et la lettre suivante lui fut adressée :

« Aux gouverneurs attournés,

« Sa Majesté voulant faire rendre en toute diligence des munitions de guerre pour son artillerie, de cette ville en celle de Ham, sa dite Majesté enjoint très expressément aux gouverneurs et échevins de cette ville, de fournir dans ce jourd'hui, la quantité de vingt charrettes attelées de deux chevaux et un charretier pour la conduire. Est disposé, à cet effet, auxdits gouverneurs et échevins, d'envoyer leurs ordres nécessaires aux villages du ressort du gouvernement de cette dite ville, jusques à une lieue à l'environ, sous peine de désobéissance ainsi que de contravention et de 5o livres d'amende, attendu qu'il s'agit du service de Sa Majesté.

« Fait à Compiègne, ce 14 juin 1650.

« Signé : Louis. »

Les charretiers du village de Saint-Germain ayant refusé de faire ce voyage, les gouverneurs furent contraints d'employer des archers de M. le Grand-Prévôt, auxquels ils donnèrent une gratification de 15 livres, tant pour leurs peines que pour leur dépense de bouche et celle des sergents de la ville[1].

Depuis un temps immémorial, quatre grosses bombardes ou pétards avaient été abandonnés dans la rue du Pont et dans d'autres rues, où elles servaient de bornes ; d'un modèle trop ancien, ces pièces d'artillerie ne pouvaient plus servir pour la défense, c'est pourquoi la ville s'avisa, au mois de juillet, de les faire transporter par plusieurs charretiers et ouvriers jusqu'à son magasin de munitions de guerre, où elles furent posées à l'entrée des deux portes récemment construites[2].

1651. — En 1650 et 1651, pendant les troubles

1. Archives de Compiègne, C. C.

2. Archives de Compiègne, C. C. Il fut dépensé pour ce transport 17 livres. 10 sols.

de la Fronde, tandis que Turenne et Condé étaient en présence et que la Picardie était menacée par les troupes espagnoles, de nombreux détachements de gens d'armes appartenant, soit à l'armée du maréchal du Plessis-Praslin, soit à celle du maréchal de la Ferté-Senneterre, passèrent et prirent logement à Compiègne, d'après l'ordre du Roi. La taxe établie pour la subsistance, les étapes et la contribution des gens de guerre était très onéreuse, aussi ne faut-il pas s'étonner si quelques habitants de la ville cherchaient à s'en faire exempter. L'un d'entre eux, Pasquier Motel, hérault d'armes au titre de Saintonge, assesseur criminel en la maréchaussée et sièges de courte robe, et marchand, avait été imposé par les gouverneurs et compris au rôle des tailles des années 1650 et 1651, pour la somme de 100 livres tournois annuellement, au lieu de 260 livres, à quoi il était cotisé les années précédentes et qu'il avait payées en l'élection de Montdidier, où il demeurait auparavant. Au lieu d'être reconnaissant de cette diminution, Pasquier Motel, au mois de septembre 1650, avait baillé requète aux élus de Compiègne, afin d'être rayé et biffé du rôle des contribuables, demandant à être mis au nombre des exempts à cause de sa charge de hérault d'armes. Mais il fut débouté de sa demande et condamné à tous dépens en considération de ce que le demandeur était un homme riche, aisé et accommodé de biens. Il était né à Compiègne, mais après avoir habité quelque temps 'Maignelay, où il trafiquait et faisait journellement le commerce de blé, vin et autres marchandises, il était revenu dans son pays natal, avec sa femme et ses enfants, et exerçait les fonctions de greffier de la justice de Saint-Corneille. Aux mois d'octobre, novembre et décembre 1649, il avait traité d'achats et de ventes de blé, tant avec les agents de M. le cardinal Mazarin qu'avec d'autres personnes, et notamment avec le nommé Montier, marchand de blé à Soissons.

1652. — En 1649, la Reine ne trouvant pas de sécurité pour son fils à Paris, s'était retirée avec la Cour à Compiègne. En 1652, les mêmes craintes subsistant, on pensa à faire partir le Roi à Lyon. C'eût été s'avouer vaincu et abandonner la moitié de la France aux factieux et aux Espagnols. Heureusement, Turenne, aussi sage politique que grand guerrier, combattit avec tant de vigueur ce funeste dessein qu'il ramena le cardinal et la Reine à un parti tout contraire : ce fut de loger la Cour à Pontoise et l'armée à Compiègne et de se maintenir sur la ligne de l'Oise, sauf à se retirer à la dernière extrémité dans une des places fortes de la Somme[1]. Les Espagnols avaient, le 26 juillet, forcé le passage de l'Oise à Chauny, ce qu'ils n'avaient pu faire à Longueil-sous-Thourotte, parce que le bac de cet endroit avait été amené à Compiègne afin d'empêcher que les ennemis ne s'en servissent pour traverser la rivière. Depuis, ce bac fut conduit à Pontoise, par les ordres de MM. les maréchaux de Turenne et de La Ferté-Senneterre, commandant alors les armées du Roi. Il devait servir avec d'autres bacs et bateaux à la construction d'un pont de bois qui fut fait aux

1. Henri Martin, vol. XII, p. 422.

environs, pour en cas de besoin servir à passer les troupes du côté de la Picardie[1].

Le 19 août, Anne d'Autriche revint à Compiègne pour pouvoir correspondre plus commodément avec Mazarin, qui avait quitté la France. C'est pendant ce séjour que le marquis d'Humières eut l'honneur de recevoir le Roi dans son château de Monchy.

1653. — Le 7 décembre 1653, les Espagnols de l'armée du prince de Condé pillèrent le village de Moyvillers et incendièrent l'église dans laquelle les habitants s'étaient réfugiés.

1654. — En 1654, les soldats de l'armée de Turenne, manœuvrant contre Condé, pillèrent le couvent de Saint-Jean-aux-Bois, et détruisirent une partie des bâtiments avec ce qui restait encore du vieux palais de Cuise.

1656. — En 1656, le Roi Louis XIV, Anne d'Autriche, et toute la Cour, firent à Compiègne un long séjour pendant les mois d'août, septembre et octobre. Avant l'arrivée de Sa Majesté, la ville, par mesure de propreté et de convenance, avait fait déblayer par Nicolas Roussel, charretier, plusieurs immondices qui se trouvaient sur la place au-devant du château[2]. La Reine de Suède, accompagnée du duc de Guise, vint y trouver le Roi et reçut des gouverneurs

---

1. Hélie Charmolue, seigneur en partie du village de Longueil-sous-Thourotte, et ci-devant greffier de la prévôté de Compiègne, reçut de la ville, le 17 décembre 1657, la somme de six vingt douze livres tournois à quoi a été composé pour les dommages et intérêts par lui prétendus pour raison dudit bac.

2. 13 novembre 1656, payé 10 livres tournois à Nicolas Roussel, pour avoir fait cette besogne.

attournés les présents qu'on avait coutume d'offrir aux têtes couronnées[1].

La prise de Valenza, en Milanais, effectuée le 16 septembre, donna lieu à des réjouissances auxquelles les hôtes royaux ne dédaignèrent pas d'assister. De nombreux feux de joie furent allumés sur les places et tous les canons de la ville furent tirés en présence de la Cour[2].

1657. — Claude de Vuallon, chevalier, seigneur de Bienville, remplaça Charles de Valory, dans la charge de lieutenant de Roi. Il loua, moyennant six vingts livres par an à la veuve de M. Réné Loisel, une maison dans laquelle il fit sa demeure et dont la ville lui avait promis de payer le loyer durant le temps des guerres.

Depuis le mois de juin 1656 jusqu'au 8 janvier 1657, 84 livrer tournois furent distribuées au nom des gouverneurs attournés, par Martin Lévêque, ci-devant greffier de l'Hôtel de Ville, à un grand nombre de

---

1. 3 novembre 1656, ordonné à Gilles Charmolue, receveur de cette ville, de retenir par ses mains des deniers de sa recepte la somme de 496 livres tournois, tant à cause de pareille somme par lui baillée pour ladite ville et qui a été employée à faire présents à l'arrivée du Roi, de la Reine, sa mère, et de la Reine de Suède, comme aussi durant le long séjour que leurs Majestés et la Cour ont fait audit Compiègne, les mois d'août, septembre et octobre dernier. En ce compris les blasons des armes de leurs dites Majestés, comme aussi pour avoir fait les feux de joie et tiré tous les canons de la ville en présence de la Cour, à cause de la prise de Valenza au Milanais, par les armées de Sa Majesté.

2. Lundi 23 avril 1657, payé à Henri Pierret, charpentier, 30 livres tournois, pour deux affûts par lui livrés à la ville pour monter deux pièces de canon.

soldats français, malades ou blessés qui passaient par Compiègne, à plusieurs cavaliers démontés et en grande nécessité qui se retiraient en congé dans leurs maisons ainsi qu'à beaucoup de soldats espagnols, italiens et irlandais quittant et désertant les armées du Roi d'Espagne pour regagner leur pays.

Les 17 et 19 janvier, 42 livres tournois furent encore employées à fournir les étapes, à un major et six soldats du régiment d'infanterie irlandaise du sieur Dillon, ainsi qu'à trois capitaines, deux lieutenants et cinquante-quatre soldats de la garnison de la ville de la Bassée.

Les finances de la ville permettaient maintenant des embellissements superflus, il est vrai, mais bien faits pour rehausser le prestige des délibérations de MM. les gouverneurs attournés. Ceux-ci avaient donné l'ordre à Gilles Charmoluc, receveur des deniers patrimoniaux, d'acheter au prix de 198 livres tournois 66 aulnes de tapisseries de la manufacture et façon de la ville de Beauvais pour servir à tapisser le cabinet de la Chambre du Conseil de l'Hôtel de Ville. Fleury Haqueville, marchand tapissier, fournit la toile et autres choses nécessaires pour coudre les lez et bordures de cette tapisserie, et vendit à la ville une grande table de bois noir, garnie de ses ferrures, avec un tapis de tapisserie de Modène. Il livra six tabourets de bois de chêne couverts de moquettes avec franges pour servir de sièges dans la chambre du Conseil, ainsi que deux grandes formes de bois de chêne, garnies et couvertes de trippe de couleur rouge et violette avec mollets pour servir de sièges à MM. les anciens gouverneurs attournés aux Assemblées tenues en l'Hôtel de Ville.

Au mois d'avril Claude Demosle fit, pendant plusieurs jours, le guet au beffroi, lors du passage des troupes de Sa Majesté par la ville. Le Roi lui-même vint à Compiègne le 8 mai suivant et y séjourna douze jours[1]. Pendant ce séjour et celui de l'année dernière, les ponts-levis des quatre portes furent retenus par des cordages fournis par Laurent Castillan, cordier[2].

A cette époque, les gouverneurs attournés présentèrent à M. de Breteuil, intendant de justice en la généralité de Paris, différentes pièces de gibier qui furent payées la somme de 23 livres à Pierre Esmery, pâtissier.

La chapelle de Notre-Dame de Bon-Secours, qui avait été édifiée en 1637 avec trop de précipitation, commençant à menacer ruine, les Capucins la reconstruisirent en 1654 sur un plan plus vaste. Le 23 mai 1657, la chapelle qui avait été bâtie en l'année 1637, proche la forêt, du côté de la laye de Champlieu, au moment de la dernière peste, fut démolie parce qu'elle servait de refuge aux maraudeurs, et son service fut

1. Mercredi 23 mai 1657, payé à Jean Dauffrin, Jean Bleuet et Adrien Bertillot, manouvriers, 27 livres tournois pour avoir, durant 12 jours échus le 20 du présent mois que le Roi a séjourné en cette ville, gardé et soigné la prairie de la ville, pour empêcher que les chevaux et bestiaux, étant à la suite de la Cour de Sa Majesté, n'allassent paître en ladite prairie.

2. Lundi 3 septembre 1657, payé à Laurent Castillan, cordier, 29 livres 19 sols pour 35 cordes, 15 livres 1/2 de ficelles et 9 livres de cordages de chanvre, le tout par lui fourni à la ville pour retenir les ponts-levis ès séjours que le Roi a faits en ladite ville ès mois de mai et août 1656 et encore au mois de mai dernier.

transféré dans la nouvelle chapelle. En même temps, comme le vœu formulé dans l'assemblée du 27 mai 1637, n'avait été que partiellement accompli et qu'il restait encore à fournir les statues de saint Roch et saint Sébastien, la ville donna à Jean Geuffrin[1], élu en l'élection, syndic des pères Capucins, la somme de 100 livres pour être employées à la sculpture des figures de ces deux saints. Les Capucins étaient bien aimés des habitants à cause de l'assistance spirituelle que les pères du couvent de la ville leur avaient rendue au moment des épidémies, et qu'ils étaient tenus et avaient promis de continuer si une nouvelle contagion survenait. Pour les récompenser de leurs bons offices passés et à venir, la ville venait à leur aide dans certaines circonstances difficiles : on trouve dans les registres des comptes qu'en 1656, Pierre Hersan, tavernier, reçut 37 livres 4 sols pour 24 pots de vin fournis depuis le premier jour de janvier jusqu'au premier jour de juillet, lequel vin a été aumôné de semaine en semaine durant ledit temps aux pères Capucins, en considération de la cherté des vivres et sans tirer à conséquence pour l'avenir : on trouve aussi que Nicolas Legrand, boulanger, reçut 12 livres tournois pour 48 pains aumônés aux pères Capucins

1. 23 mai 1657, payé à Jean Geuffrin 100 livres pour être employées à la sculpture des deux figures de saint Roch et saint Sébastien qui seront posées aux deux côtés de l'autel de Notre-Dame de Bon-Secours du couvent des Capucins, en laquelle chapelle est transféré le service de celle qui avait été construite en l'année 1637, proche la forêt, du côté de la laye de Champlieu, où la ville était obligée de faire faire lesdites figures, suivant le résultat d'assemblée tenu le 27 mai 1637.,

pendant la même époque et pour les mêmes causes.

Ceux-ci n'oubliaient pas non plus de fêter d'une manière particulière les jours de saint Sébastien et de saint Roch, deux dates auxquelles la ville avait coutume de leur offrir à dîner.

Pendant que le maréchal de la Ferté-Senneterre assiégeait Montmédy, l'armée espagnole était entrée dans la Picardie le 26 juillet. Les Compiégnois craignant, comme en 1636, d'être assiégés de nouveau, veillèrent à la sûreté de leur ville. Claude Demosle fit le guet au beffroi pendant 14 jours et autant de nuits[1]. Des valets furent employés journellement au service des gouverneurs attournés pour porter des ordres ; des courriers furent envoyés dans les villes de Chauny, Saint-Quentin, Ham et Noyon, les 28, 29, 30 et 31 juillet pour apprendre la marche de l'armée espagnole qui était alors campée à Origny-sur-Oise et Ribemont, ruinait le plat pays entre Saint-Quentin et Chauny et menaçait la Picardie des plus grandes irruptions[2]. Les habitants faisaient garde de jour et de nuit sur les remparts et aux portes de la ville où ils consumèrent, pendant leurs veilles, 12 cordes de bois et 1 millier de fagots fournis par Pierre Charmolue, marchand[3].

D'après les ordres du Roi, en date du 12 mai dernier, une garde spéciale fut organisée à la porte du pont par les habitants pour arrêter les officiers, cava-

1. Lundi 3 septembre 1657, payé à Claude Demosle, 14 livres pour, etc...

2. Samedi 11 août 1657, payé à Gilles Charmolue, receveur des domaines communaux, sept-vingt livres tournois pour, etc...

3. Mardi 14 août 1657, payé à Pierre Charmolue, marchand, 105 livres tournois...

liers et soldats déserteurs des armées françaises. ·
Simon Baugiron, tambour de ville, assemblait les habitants chaque jour pour les mener au son de son instrument jusqu'à leur poste, et Martin Delachelle était chargé d'avertir tous les jours les officiers et caporaux des quartiers de la ville pour qu'ils n'oublient pas de se rendre à la garde de la porte du Pont. Ce fut Louis Chandelier[1], marchand, qui fournit le bois de chauffage pour ce corps de garde uniquement consacré au service du Roi.

Le 5 août, Montmédy, après s'être vigoureusement défendue, se rendit au Roi en personne. La nouvelle de ce fait d'armes, connue à Compiègne quatre jours après, y excita l'enthousiasme : des feux de joie furent allumés, et tous les canons de la ville, au nombre de dix, furent tirés[2]. Louis Chandelier, qui faisait en ce moment construire une maison située en face de la rue conduisant des Minimes à la Porte-Chapelle, l'appela Montmédy en souvenir de cet événement. Cet immeuble, adossé par derrière contre la grande plateforme de la Porte-Chapelle, appartenait à la seigneurie de la ville et devait 2 sols 6 deniers de cens et 3o sols de surcens[3].

---

1. Jeudi 11 octobre 1657, payé à Louis Chandelier, marchand, 15o livres tournois pour 3o sommes de bois de chauffage et 1 millier de fagots.

2. 13 août 1657, payé à Gilles Charmolue, 110 livres tournois pour faire les feux de joie et tirer tous les canons de la ville au sujet de la prise de la ville de Montmédy par les armées du Roi.

3. Le 17 septembre 1688, Léon Ployart acheta cette maison à Louis Chandelier. Nicolas Véron, vannier, et Marie-Anne Gouverneur, l'acquirent en 1704... Archives de Compiègne, C.C.

La fille aînée de Gaston, duc d'Orléans, Mademoiselle de Montpensier, ou la grande Mademoiselle comme l'appellent les mémoires du temps, vint à Compiègne le 16 août. Mgr le maréchal d'Estrées, gouverneur de la province, avait la veille averti les attournés de l'arrivée de cette princesse, leur recommandant de lui faire bon accueil. Aussi, la réception fut-elle plus brillante que ne le méritait l'héroïne de la Bastille; elle coûta à la ville la somme de six-vingts livres.

Quelques jours après, arrivèrent MM. de Candé et Cartigny, grands maîtres des eaux et forêts de France; la ville leur offrit du gibier et du poisson, achetés chez Guy de Lisy[1], pâtissier. On avait bien des faveurs à demander à ces deux personnages : entre autres, la permission de prendre dans la forêt plusieurs chênes pour réparer les pont-levis des quatre portes et le pont dormant du côté de Venette, ainsi que l'obtention d'une ordonnance destinée à remplacer le bois avancé par la ville aux habitants lorsqu'ils avaient fait garde à la porte du pont pour arrêter les déserteurs des armées du Roi.

Le 18 septembre, MM. les officiers de la forêt procédèrent à la réception des ouvrages de charpenterie faits aux ponts-levis et reçurent pour leurs

---

1. 14 août 1657, payé à Guy de Lisy, pâtissier, 78 livres, 18 sols, tant pour avoir fourni le dîner des pères Capucins, le jour de Saint-Sébastien dernier, ainsi qu'il est accoutumé, que pour gibier et poisson, par lui fourni à la ville, pour présenter à MM. de Candé et Cartigny, grands maîtres des eaux et forêts de France, durant le présent mois. (Archives de Compiègne, B. B.)

salaires 65 livres qui leur furent distribuées par Jacques Charmolue, greffier de la forêt de Cuise.

Depuis le 22 septembre, jusqu'au 6 octobre, des ouvriers furent occupés à faire le déblai et transport des terrasses qui étaient en la rue de la Poterne-Notre-Dame et aux environs des maisons de feu Antoine Lion, de Charles Morel, Claude de Collevy, Jean Esmart, Arthur Targé, Nicolas Pony, et autour, afin de paver la rue. Charles de Namur, commis à la conduite des fortifications de la ville, paya pour elle à ces ouvriers, six-vingt-neuf livres, quatre sols[1].

Les travaux continuèrent dans les mêmes parages : Jean Lebesgue, Michel Hue et Louis Lefebvre, manouvriers, reçurent 16 livres tournois, pour déblai et transport de six toises cubes de terrasses qui étaient proche la maison des héritiers de M. Charles Leféron, en la rue conduisant de la plate-forme des Papillons, à la Poterne-Notre-Dame[2].

Pendant le mois d'octobre et novembre, Jean Lemasson, Antoine Lemercier, et Martin Henniet, vignerons, demeurant au village de Venette, furent payés 48 livres tournois, pour avoir déblayé et vidé douze toises cubes de terrasses hors du fossé étant proche la poterne d'Ardoise et les avoir transportées sur la chaussée incommencée entre les deux poternes, jettant sur la rivière d'Oise, comme aussi pour avoir porté sur cette chaussée, d'autres terrasses qui étaient près du Port-au-Vin[3].

1. Archives de Compiègne, B. B.
2. Idem.
3. Idem.

Jean Lebesgue, Michel Heudé et Claude Merlier, reçurent 36 livres tournois, pour avoir transporté sur ladite chaussée huit toises de terrasses, tirées savoir : cinq des environs du rempart étant derrière l'hôtel de la Cagnette, et trois toises proche le bouliniot de la Poterne-Notre-Dame[1].

Robert de Vaux, horloger, répara l'horloge de la ville, à laquelle il posa deux grands ressorts avec deux pitons rivés et deux crampons à points. Il confectionna un cul de marteau et un piton au ressort qui fait sonner l'*Ave Maria* aux heures de midi, minuit, six heures du matin et six heures du soir[2].

Les 13 et 20 octobre, différentes pièces de gibier et de poisson, payées 48 livres 9 sols à Guy de Lisy, pâtissier, furent présentées par la ville à M. de Candé, grand maître des eaux et forêts de France, pour parvenir à avoir son ordonnance concernant le remplacement du bois avancé par les gouverneurs attournés aux habitants qui faisaient le service du Roi.

Le 22 décembre, les compagnies des gendarmes et chevaux légers de Mgr le duc d'Orléans, passèrent par la ville qui dépensa 48 livres à acheter des vivres pour leur étape.

Quatre jours après, six vingt seize livres furent employées en achat de vivres pour l'étape du régiment de cavalerie de Clérambault, composé de neuf compagnies, et ce, en plus des 24 livres que le Roi a ordonnées à chacune de ces compagnies.

---

1. Archives de Compiègne, B. B.

2. 5 octobre 1657, payé à Robert de Vaux, horloger, 9 livres tournios, pour.....

1658. — Le 27 mai, Martin Delachelle, valet de la ville, reçut 7 livres tournois pour avoir, durant l'Avent et le Carême derniers, porté de semaine en semaine les chaises de MM. les gouverneurs attournés dans les paroisses de la ville où le prédicateur stationnaire, le révérend père de Billy, jésuite, natif de Compiègne, a prêché alternativement.

Le 14 juin, eut lieu la bataille des Dunes où Turenne se couvrit de gloire et à laquelle assistait le maréchal d'Humières, comme lieutenant général des armées du Roi. Le gouverneur de Compiègne se trouvait aussi devant Dunkerque qui se rendit le 23 juin suivant. Conformément aux ordres du Roi et de Mgr le maréchal d'Estrées, gouverneur de la province, en date des 15 et 23 dudit mois, un *Te Deum* fut chanté en l'église de Saint-Corneille, le 29, en reconnaissance de la fameuse bataille des Dunes ; après quoi des feux de joie furent allumés et tous les canons de la ville tirés[1].

Le jeune Roi s'était fatigué à visiter les sièges de Dunkerque et de Bergues et était tombé dangereusement malade à tel point qu'on le jugeait à toute extrémité. Déjà, Monsieur, duc d'Anjou, frère et héritier présomptif de Louis XIV, allait ceindre la couronne, déjà Mazarin effrayé, recommandait à Turenne sa personne et ses intérêts, mais le malheur qu'on redoutait n'eut pas lieu. Grâce à l'antimoine

1. Lundi 1er juillet, payé huit vingt seize livres tournois pour ces réjouissances. (Archives de Compiègne, B. B.).

7 janvier 1658, payé à Henri Castellot, menuisier, 36 livres pour 8 grands tiroirs de bois qu'il a faits et fournis à la ville et qui servent aux armoires des archives de la ville.

ou vin émétique, le Roi fut sauvé, il entra en convalescence et, put le 22 juillet, repartir pour Compiègne afin d'y achever sa guérison. Victorieux et sauvé miraculeusement de la mort, il apparut avec un prestige encore plus grand aux yeux des habitants de sa bonne ville qui lui fit l'accueil le plus empressé. On n'épargna rien pour que la réception fut brillante : 465 livres tournois furent dépensées en présents offerts à sa majesté ainsi qu'à toute sa Cour. Les blasons des armes du Roi, du gouverneur de la Province, de son lieutenant et du gouverneur de Compiègne avaient été placés au chateau, à l'Hôtel de Ville, ainsi qu'aux quatre portes de la cité. En même temps que la milice bourgeoise parée de ses plus beaux uniformes, les six valets de la ville portant leur livrée officielle assistaient à cette arrivée. Ils revêtaient, chacun pour la première fois un baudrier de buffle qui venait d'être fourni par Louis Bruyant, fourbisseur. Ce complément de costume était destiné à être porté avec épée dans des occasions spéciales telles que le logement des gens de guerre où lorsqu'il fallait faire garde pour le service du Roi et la sûreté de la ville. Deux de ces serviteurs, Martin Delachelle et Jean Demosle avaient étrenné ce jour-là, un jupon tout neuf livré par Claude Duhamel et façonné avec moitié de drap bleu et moitié de drap blanc sur lequel étaient cousues six douzaines de boutons de soie à queues[1].

---

1. Lundi 5 aoùt 1658, payé à Louis Bruyant, 24 livres tournois pour 6 baudriers buffle.

Lundi 3 février 1659, payé à Claude Duhamel, marchand

Pour célébrer la convalescence du Roi et pour témoigner leur allégresse, les habitants se rendirent en procession le 30 juillet[1], à l'église de Saint-Corneille où un *Te Deum* fut chanté solennellement en présence de Sa Majesté, de la Reine, sa mère, de Mgr le duc d'Anjou et de toute la Cour. Après quoi du vin fut distribué gratuitement à tous venants sur les places publiques où des danses furent organisées, des musiques composées de trompettes, de tambours et de violons parcoururent les rues, et tous les canons de la ville furent tirés par deux diverses fois. Mais cette fête fut attristée par un terrible accident survenu à l'un des canonniers, Pierre Poiret. Celui-ci fut tué en mettant le feu à une de ces pièces d'artillerie qui, trop chargée ou en mauvais état, creva et éclata en plusieurs morceaux. Prise de compassion et pour subvenir à leurs besoins, la ville accorda à sa veuve, Jeanne Delachelle, et à ses enfants, un secours de 50 livres tournois[2].

Un nommé Saint-Leu, natif de Ressons-sur-Matz, matelot à bord d'un des nombreux vaisseaux de commerce du port de Marseille, avait été fait prisonnier

---

à Compiègne, 59 livres tournois pour avoir, depuis 6 mois, fourni à la ville, 3 aulnes de drap bleu et autant de drap blanc avec 12 douzaines de boutons de soie à queues, le tout employé à faire deux jupons pour revêtir Martin Delachelle et Jean Demosle, valets de la ville, en ce compris la façon desdits jupons payée par ledit Duhamel. (Archives de Compiègne, B. B.).

1. 12 août 1658, payé 225 livres tournois pour frais faits le 30 juillet dernier, etc...

2. 7 octobre 1658, payé à Jeanne Delachelle, veuve de feu Pierre Poiret, canonnier, 50 livres tournois pour lui subvenir et à ses enfants, etc...

par les infidèles qui infestaient la Méditerranée, malgré nos escadres. Pour n'avoir point voulu renier sa foi et devenir disciple de Mahomet, il avait été détenu captif en Barbarie. Désireux de recouvrer sa liberté, il parla aux pères de la Merci qui étaient venus dans ce pays pour s'occuper du rachat des chrétiens français. Ces missionnaires lui délivrèrent un certificat constatant qu'il était resté dans le giron de l'Église et qu'il adressa avec une lettre de supplique à M. Louis Leféron, lieutenant en la maréchaussée de l'île de France établie à Compiègne. A la suite d'une convention avec le dey d'Alger, un agent du Roi devait aller chercher des captifs français que le dey consentait à rendre, et l'on s'occupait de ramasser par tout le royaume de quoi payer leur rançon. C'est pourquoi, sur les instances de M. Leféron, les gouverneurs attournés lui aumônèrent la somme de 10 livres tournois pour aider à la rédemption du nommé Saint-Leu.

1659. — Selon la coutume, 27 livres de bougies de cire blanche rapportées de Paris, par Arnoult Crin, messager de la ville, furent distribuées et présentées au commencement de l'année, à M. le Lieutenant-Général, aux anciens gouverneurs attournés, à ceux qui étaient en charge, ainsi qu'aux officiers de l'Hôtel de Ville[1].

Le 14 janvier, MM. Leféron et Leclerc, gouver-

---

1. Vendredi 10 janvier 1659, payé à Arnoult Crin, messager ordinaire de la ville de Compiègne à Paris, 44 livres à cause de pareille somme par lui tirée pour la ville de Compiègne en achapt de 27 livres de bougies de cire blanche qui ont été distribuées et présentées au commencement de cette année, etc...

neurs attournés, firent un voyage à Senlis pour aller trouver M. le Lièvre, président au grand-Conseil, intendant de justice en la généralité de Paris, et lui recommander les intérêts de la ville au sujet du département des tailles. Ce haut personnage était alors à Senlis occupé à cet important travail, et il ne fallait rien négliger pour se le rendre favorable ; on n'osa pas lui offrir à lui-même un pâté de venaison qu'il aurait pu refuser, mais on donna au sieur Poisson, son secrétaire, deux lys d'or de 14 livres[1].

Le 19 avril, le vicomte de Turenne, maréchal de France, passa par Compiègne, il était accompagné du marquis de Humières, et de MM. de Candé et Cartigny, grands maîtres des eaux et forêts. Du gibier et du poisson, fournis par Pierre Esmery, pâtissier, leur furent offerts à leur arrivée dans la ville[2]. Quatre cents soldats du régiment d'infanterie de Turenne qui suivaient leur chef, furent logés sous la voûte de la Porte-Chapelle aménagée à cet effet. L'ouverture donnant sur la route de Soissons fut fermée, le sol recouvert d'une litière formée avec 300 bottes de paille livrées par Martin Raison, laboureur, maître de l'hôtellerie de la Petite-Croix-d'Or, et de nombreuses chandelles furent achetées pour l'éclairage des soldats, aussi bien le jour que la nuit[3].

Le vainqueur des Espagnols était momentanément

1. Samedi 18 janvier 1659, payé à MM. Leféron et Leclerc, 21 livres tournois, pour, etc...

2. Jeudi 39 août 1659, payé à Esmery, pâtissier, 18 livres pour gibier et poisson fourni depuis 4 mois à, etc...

3. 9 juin 1659, payé à Martin Raison, laboureur, 15 livres pour 300 bottes de paille, etc...

inoccupé : des négociations étaient engagées entre la France et l'Espagne pour traiter de la paix, en même temps qu'un projet de mariage était décidé entre la fille de Philippe IV et Louis XIV.

Après une suspension d'armes de deux mois convenue dès le 7 mai, les préliminaires de la paix furent enfin signées le 4 juin, et le 7 novembre suivant, les ministres plénipotentiaires des deux pays, le maréchal de Grammont et don Luis de Haro, signèrent le traité des Pyrénées ainsi que le contrat de mariage du Roi de France avec Marie-Thérèse, infante d'Espagne.

1660. — Au commencement de l'année, Laurent Bullot, maître de l'hôtellerie de la Grande-Croix-d'Or, livra à la ville 80 pots de vin qui furent présentés selon l'usage à MM. les Lieutenants, gouverneurs attournés anciens et en charge, aux officiers municipaux, à MM. les Maîtres particuliers de la forêt de Cuise et au sergent-major pour le Roi, Richard Gaya[1].

Le 27 février, de grandes réjouissances publiques eurent lieu au sujet de la publication de la paix entre les couronnes de France et d'Espagne; on alluma un immense bûcher sur la place publique et l'on fit des décharges de mousqueterie.

Le 28, une magnifique cavalcade parcourut les rues de la ville; la compagnie des arquebusiers revêtue de ses plus beaux uniformes, son capitaine

---

1. 15 avril 1660, payé à Laurent Bullot, marchand, 64 livres tournois pour 80 pots de vin livré à la ville...

Claude Loisel en tête, s'était mise sous les armes, et les étendards déployés, avec ses trompettes et ses tambours, escortait MM. les Gouverneurs attournés qui faisaient partie du cortège. Le lendemain, les arquebusiers paradèrent de nouveau et accompagnèrent ces Messieurs à une procession générale et à une marche qui se fit depuis l'Hôtel de Ville jusqu'à l'église Saint-Corneille où fut chanté un *Te Deum* en actions de grâces du traité de paix avec l'Espagne. Les fêtes continuèrent les jours suivants avec un éclat inusité au milieu d'une foule en liesse. Si l'on s'en rapporte au chiffre de la dépense qui ne fut pas moins de 1230 livres, la ville avait fait grandement les choses.

Le 6 juillet, eut lieu une procession générale où la compagnie des arquebusiers prêta encore son concours.

A l'issue de cette cérémonie, on se rendit à l'église de Saint-Antoine, où un *Te Deum* fut chanté pour remercier Dieu du mariage du Roi avec la sérénissime infante d'Espagne, Marie-Thérèse, à présent Reine de France.

Le lendemain, les chevaliers de l'arquebuse furent récompensés de leurs bons offices, et en considération de la dépense et des frais faits par eux pour le service de la ville dans ces différentes circonstances, les gouverneurs attournés donnèrent à Claude Loisel, leur capitaine, une gratification de 100 livres tournois pour être employée à la décoration des bâtiments du jardin de la communauté.

Ces réjouissances ne s'étaient pas passées sans

causer quelques dégâts à l'Hôtel de Ville; les vitres de toutes les croisées de la grande salle, de la chambre du conseil et du cabinet, avaient été en partie ruinées et cassées par l'affluence de peuple qui s'y pressait. Guillaume Bourgeois, vitrier, fut chargé de la réparation de ce dommage qui était aussi dû aux décharges répétées de mousqueterie faites sur la place[1].

L'horloge elle-même n'avait pas été sans recevoir le contre coup de ces marques d'allégresse; deux de ses appeaux avaient été cassés et Robert Devaux[2] fut obligé de les ferrer tout à neuf, il dut aussi réparer plusieurs ruptures qui étaient survenues à la grande roue, et remplaça la verge ainsi que l'étoile servant à faire marcher l'éguille du cadran[3].

Les Picantins qui surmontaient l'horloge de Pierre Garnot[4] étaient restés intacts. Ces trois personnages, énigmatiques comme des sphynxs, qui, 24 ans auparavant, avaient été témoins des préparatifs de défense contre les Espagnols avaient assisté impassibles à toutes ces bruyantes démonstrations. Présidant aux destinées de la ville dont ils sont les

---

1. 28 septembre 1660, payé à Guillaume Bourgeois, vitrier 20 livres pour avoir réparé les vitres de toutes les croisées de la grande salle, etc...

2. Jeudi 15 avril 1660, payé à Robert Devaux, horloger, 19 livres 15 sols tournois pour avoir, etc...

3. 30 août 1660, payé à Robert Devaux, horloger, 12 livres tournois pour avoir fait tout à neuf la roue, la verge, etc...

4. En 1530, Pierre Garnot, serrurier et horloger, a promis et s'est obligé à faire une horloge neuve pour servir à la grosse cloche de l'Hôtel de Ville.

bons génies, ils continuèrent à faire entendre leurs joyeux carillons en tournant la tête de droite et de gauche, et à marquer les quarts d'heures avec une régularité désespérante.

PIÈCES JUSTIFICATIVES

PIÈCES JUSTIFICATIVES

FORTIFICATIONS DE COMPIÈGNE

Les gouverneurs attournés de la ville de Compiègne, ayant donné advis à M. le vicomte de Brigueil, gouverneur pour le Roi, audit Compiègne, étant pour le service de Sa Majesté au pays de Touraine, auquel par arrest du Conseil de Sa Majesté du 30 juillet 1605 et 9 mai 1615 appartient la cognaissance des fortifications et réparations d'icelle ville, même la délivrance au rabais des ouvrages ; il aurait fait savoir auxdits gouverneurs qu'il ne pouvait se trouver audit Compiègne à cause de l'empeschement qu'il avait pour le service de Sa Majesté et du Roi ; en ayant esté donné advis à la Reyne, mère de Sa Majesté, pour son abscence au siège de la Rochelle. C'est pourquoi la Reyne mère adressa aux gouverneurs attournés les lettres suivantes :

A nos chers et bien amez les gouverneurs et attournés de la ville de Compiègne.

Chers et bien amez, sur l'advis que nous avons eu qu'il y avait quelques bresches existantes aux murailles de fermeture de vostre ville, auxquelles il est besoing de travailler au plustôt, et le sieur vicomte de Brigueil, gouverneur en icelle pour le Roy, nostre très honoré sir et fils, estant à présent employé par

<hr>

1. Archives de Compiègne, D. D.

Sa Majesté autre part et à cause de son esloignement, n'y pouvant estre et faire les baux aux rabais desdits ouvrages de réparations, ainsi qu'il est accoustumé ; à ces causes, nous voulons, vous mandons et en vertu du pouvoir à nous délaissé très expressément, enjoignons qu'en l'absence dudict sieur vicomte de Brigueil, vous ayiez à faire faire devant vous lesdicts baux aux rabais pour les réparations susdittes sur les visitations faittes ou à faire sur icelles par experts, auxquels vous procéderez par assemblée en l'hôtel de vostre dicte ville et du tout dresserez procez-verbal par le greffier d'icelle, de même que s'il estait faict par ledict sieur de Brigueil, dont à cet effet vous donnons pouvoir et mandement. N'y faictes donc faulte, car tel est le plaisir de sa dicte Majesté et le nostre.

Donné au bois le vicomte le troisième jour d'aoust 1628.

Signé : Marie.　　　　　De Loménie.

(Scellé des armes de France).

MESSAGERS DE LA VILLE

En 1607, Simon Journel était messager ordinaire de la ville. Il reçut cette année la somme de 37 livres 10 sols pour avoir, durant trois ans, MM. Charmoluc, Barbe et Thibault étant gouverneurs attournés, porté et rapporté en la ville de Paris à Compiègne plusieurs paquets, lettres, missives, chartes et autres expéditions, y compris quelques chevaux de relais qu'il a fournis pour aller voir et saluer les seigneurs de la Cour tant à Marigny que dans d'autres endroits proche de la ville, le 1er octobre 1607.

Son fils, Gabriel Journel, lui succéda comme messager de la ville. Plusieurs plaintes ayant été faites contre lui à cause des deniers qu'il se fait payer, c'est-à-dire 60 sols par chaque personne qui va dans le coche de cette ville à Paris, et autant au retour, au lieu de 50 sols qui avaient accoutumé d'être payés, ainsi que pour les ports de lettres et paquets qui lui sont baillés. Même que Nicolas Lallemant, maître des relais, prend 20 sols par journée de cheval de traverse et 35 sols par chacun relai de cette ville à Senlis au lieu de 15 sols par journée de chacun cheval de traverse et 25 sols par chacun cheval de relai allant à Senlis. A été arrêté que lesdits Journel et Lallemant seront mandés au bureau pour représenter les réglements en vertu desquels ils prétendent avoir le droit de prendre lesdits deniers, sinon et à faute de ce faire, qu'on se pourvoira par les voies ordinaires pour obtenir règlement contre eux au soullagement des peuples. 15 avril 1633.

(Archives de Compiègne. B. B.)

LETTRE DE DÉCLARATION DE LOUIS XIII

AU SUJET DE L'EMPRUNT FORCÉ DE 1636 [1]

Louis par la grâce de Dieu, roi de France et de Navarre, à nos chers et bien amez les maire et eschevins de nostre ville de Compiègne, Salut.

Suivant nos lettres de déclaration du jourd'huy dont coppie collationnée est cy attachée soubz le contrescel de nostre chancellerie, Nous vous mandons et ordonnons par ces présentes signées de nostre main :

Qu'incontinent icelles reçues, vous ayiez à procéder en vos loyautés et consciences à l'assiette et département sur tous les habitants de nostre dite ville, ecclésiastiques, nobles, nos officiers, domestiques et commensaux, tous autres officiers et autres personnes de quelque qualité et condition qu'elles soient, exempts et non exempts, privilégiéz et non privilégiéz, n'onobstant leurs privilèges et exemptions sans aucuns réserver n'y excepter pour quelque cause et occasion que ce soït, pour ceste fois seulement et sans tirer à conséquence, de la somme de cinquante mil livres, à laquelle ladite ville a été taxée en nostre dit Conseil, pour sa part du prest et emprunt par nous ordonné être faict et mentionné en l'état arresté en nostre dit Conseil ledit jour, dix-huit du présent mois, dont l'extrait est aussi cy attaché. Au payement et cottité de laquelle somme qui sera faict en l'année prochaine, vous les ferez contraindre en quatre payements égaux de deux en deux mois, dont le premier eschrra le dernier février prochain, par toutes voies deues et raisonnables nonobstant oppositions ou appellations quelconques, et sans préjudice d'icelles, dont si aucunes interviennent nous avons réservé la cognaissance à nous et à nostre dit Conseil, icelle interdite à toutes nos cours, trésoriers de France, officiers des

1. Document dû à l'extrême obligeance de notre honoré collègue, M. Coudret.

élections et tous autres juges. Pour être icelle somme receue par celuy qui sera à ce faire par nous commis et par lui voiturée en la ville de la généralité en laquelle vous ressortissez et payée aux termes susdits ès-mains de celuy qui sera par nous commis à la recepte généralle des deniers provenant dudit emprunt sur les villes du ressort de ladite généralité ; lequel vous informerez de temps en temps des diligences que vous aurez apportées à l'exécution des présentes.

Et en cas que vous puissiez emprunter ladite somme soubz votre crédit sans procéder à ladite imposition et levée, vous en userez pour le rembourcement d'icelle et intérests, ainsi qu'il vous est permis par nostre dite déclaration ; vous enjoignant de vaquer incessamment à ce que dessus, tous affaires cessans, et de faire payer ladite somme dans les termes susdits, sans aucune non valleurs, à peine d'y estre contraincts en vos propres et privés noms solidairement, et comme pour nos deniers et affaires, et autres voyes portées par nostre dite déclaration. De ce faire, nous avons donné et donnons plein pouvoir, commission et mandement spécial par ces dites présentes ; par lesquelles mandons et commandons à nostre huissier ou sergent premier sur ce requis, faire pour l'exécution d'icelles et de nos ordonnances pour ce regard, tous commandements, contraintes et autres actes et exploicts requis et nécessaires, sans pour ce demander autre congé ni permission, car tel est nostre plaisir.

Donné à Noisy le dix-huictième jour de décembre, l'an de grâce mil six cens trente-six, et de nostre règne le vingt-septième. Signé : Louis.

Pour le Roy : DE LOMÉNIE.

Au dos se trouve la mention suivante : Enregistré au controlle général des finances, par moy soussigné, à Paris, le dernier jour de décembre mil six cens trente-six.

Signé : *(Illisiblement.)*

ÉMPRUNTS DE LA VILLE DE COMPIÈGNE

Le mardi 3 août 1660, il fut délivré mandement à Martin Diée, bourgeois de Compiègne, de la somme de 300 livres tournois, montant des arrérages de la somme de 75 livres tournois de rente que la ville lui doit chacun an au 14e août, comme étant aux droits de M. Pierre Picquet, bourgeois de Paris, et ledit Picquet en ceux de Charles Roger, demeurant au Plessis-Brion, et Christine Frémont, sa femme. Ledit Roger, héritier pour une quatrième partie de feu Charles Roger, l'aîné, son père, au profit duquel, la ville de Compiègne aurait constitué la somme de 300 livres tournois de rente par contrat du 13 août 1636 dont lesdites 75 livres font le quart.

A Monseigneur de Harlay de Bély, intendant de la généralité de Paris, supplient humblement Louis-Marie Le Caron et consorts, étant aux droits de Charles Roger, et les héritiers de Claude Mossu, disant qu'en l'année 1636 les ennemis ayant passé la rivière de Somme et fait des courses jusqu'aux portes de Compiègne qu'ils menacèrent de siège, Mgr le Comte de Soissons, lors dans la ville, fit assembler les habitants pour pourvoir à sa sureté, dans laquelle assemblée il fut résolu de faire réparer les murs de la ville, mais ne se trouvant pas de fonds pour cela, que l'on ferait un emprunt suffisant pour ces urgentes réparations. En conséquence de cette assemblée, les auteurs dudit Le Caron et consorts prêtèrent une somme de 5400 livres tournois pour laquelle les échevins constituèrent une rente de 300 livres au denier 18 et les auteurs dudit Claude Mossu celle de 1800 livres pour laquelle on leur fit 100 livres de rente, lesquelles rentes furent suivies et payées jusque et y compris 1720. Mais depuis ce temps le receveur refuse de payer sous prétexte

que ces rentes doivent être réduites au denier 5o. Les suppliants
espèrent que la création si ancienne et si privilégiée de cette
rente sera un motif assez puissant pour la mettre à l'abri d'une
pareille réduction. (Archives de Compiègne. C. C.)

Le 3o septembre 1728, à la requête de Louis-Marie Le
Caron, conseiller du Roi, garde marteau de la forêt de Laigue,
demeurant à Compiègne, et dame Marie-Jeanne Diée, son
épouse, ordonnons qu'il soit payé à eux et autres propriétaires
les arrérages de 216 livres de rente, chacun an, à raison du
denier 25 des 5400 livres du principal, au lieu des 3oo livres de
rente, le tout à compter et compris 1721 jusque et y compris
1727 et à l'avenir. (Archives de Compiègne. C. C.)

TABLE DES MATIÈRES

PREMIÈRE PARTIE

DEUXIÈME PARTIE

PIÈCES JUSTIFICATIVES

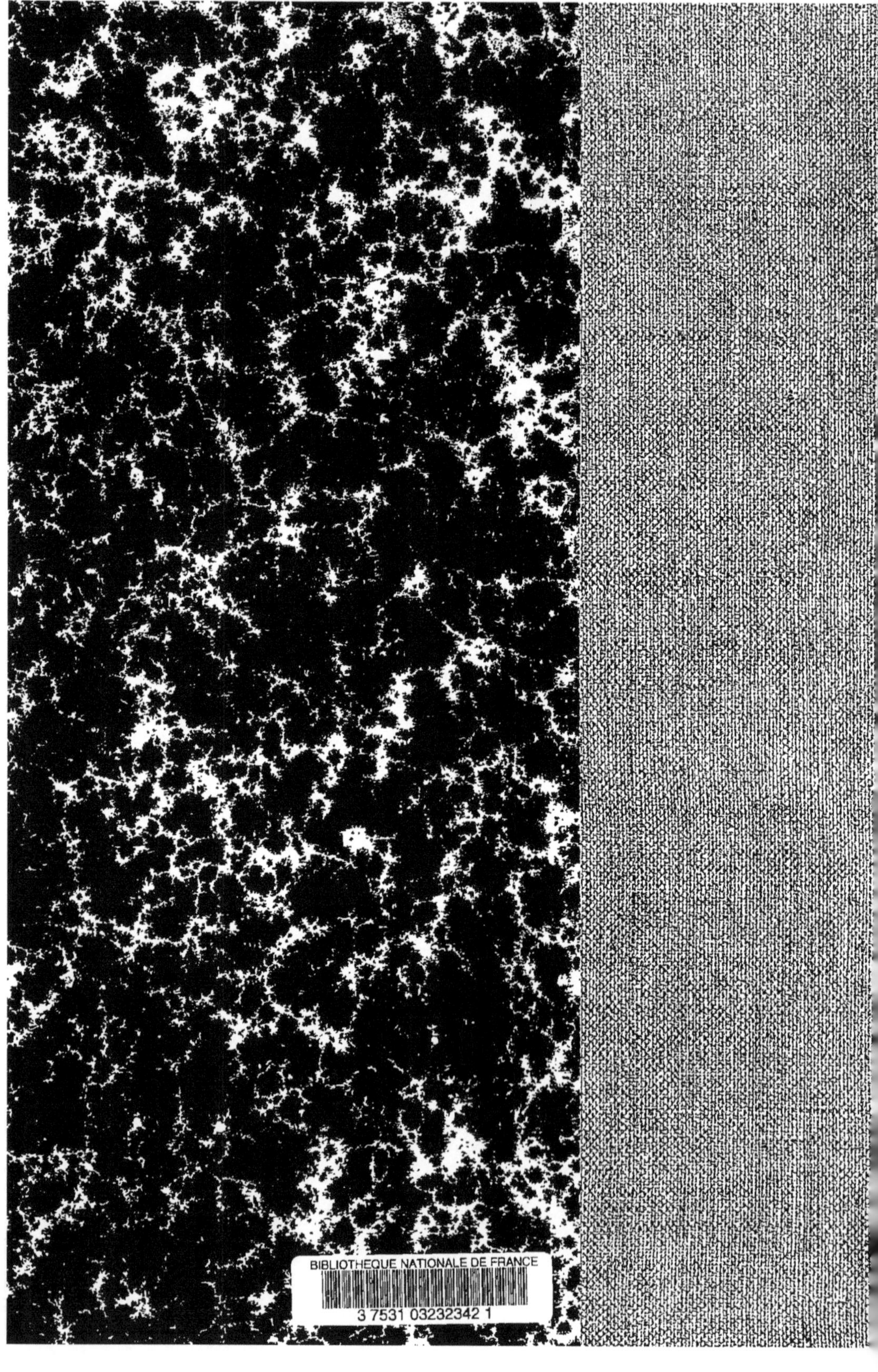

BIBLIOTHEQUE NATIONALE DE FRANCE
3 7531 03232342 1

www.ingramcontent.com/pod-product-compliance
Ingram Content Group UK Ltd.
Pitfield, Milton Keynes, MK11 3LW, UK
UKHW022242120726
13694UKWH00003B/941